海域核动力工程环境保障 HVAC 气象参数分析及预测

李安桂　向文元　董新伟　张守杰　著

科学出版社

北　京

内 容 简 介

本书基于统计法提出海域核动力工程、建筑工程环境保障的 HVAC 室外空气设计参数，分析人工神经网络法用于海域工程 HVAC 设计气象参数预测的可行性，并建立适用于未知海域设计气象参数预测的人工神经网络 ELM 模型。本书不仅可为我国环太平洋海域核动力工程环境保障及其控制系统提供设计气象参数，而且可为岛、屿、礁、滩及海底油气开采等工程的供暖、通风、空调系统设计与模拟分析提供基础性气象数据。

本书可供建筑、暖通空调、核动力工程、制冷及低温工程等领域的设计、研究人员参考使用。

图书在版编目（CIP）数据

海域核动力工程环境保障 HVAC 气象参数分析及预测/李安桂等著. —北京：科学出版社，2021.3
ISBN 978-7-03-067339-8

Ⅰ. ①海… Ⅱ. ①李… Ⅲ. ①核工程-海上工程-海洋气象-室外气象参数-研究 Ⅳ. ①TL②P732

中国版本图书馆 CIP 数据核字（2020）第 265187 号

责任编辑：杨 丹 / 责任校对：杨 赛
责任印制：张 伟 / 封面设计：陈 敬

科学出版社 出版
北京东黄城根北街 16 号
邮政编码：100717
http://www.sciencep.com

北京中石油彩色印刷有限责任公司 印刷
科学出版社发行 各地新华书店经销

*

2021 年 3 月第 一 版　开本：720×1000 B5
2021 年 3 月第一次印刷　印张：8 1/2
字数：152 000

定价：98.00 元
（如有印装质量问题，我社负责调换）

前　言

　　海洋是潜力巨大的资源宝库，为国家经济、社会可持续发展提供了重要载体和战略空间。《全国海洋功能区划(2011—2020 年)》统筹考虑了国家宏观政策和沿海地区发展战略，确定了海域的主要功能和开发保护方向。我国所辖环太平洋海域涵盖了渤海、黄海、东海、南海等海域(包括岛、洲、礁、沙、滩等海域，如永兴、永署等)，总面积约 300 万 km²。海域核动力工程可为工程建设(岛礁及海上石油开采等)提供动力条件。以海上核动力平台为例，它可为远离海岸线的钻井平台、岛礁建设、大功率船舶等提供生产、生活、军事等能源保障。据统计，核能每年为全世界提供的能量占总能量的 10%以上。

　　HVAC 技术为核动力工程中的生产作业、人员生活提供全局性环境保障。HVAC 系统除了保障核动力工程的安全可靠运行之外，还可为各类工业生产、人民生活提供重要保障。在工程设计中，供热通风空调系统与设备的设计计算离不开当地设计气象参数，换言之，室外设计气象参数是进行各类"建筑"空间环境保障设计计算的重要依据，也是环境安全保障、节能设计及科学运行管理的必备条件。确定海域设计气象参数应主要考虑两方面的因素：

　　(1) 海域地理位置；

　　(2) 暖通空调设计保证率要求(核动力工程设计用气象参数分为安全级和非安全级两大类，对应不同的保证率要求)。

　　工程实践表明，不合理的设计气象参数会导致供热、通风、空调、制冷系统设备容量过大，致使初投资过高，设备利用率低，更重要的是冗余的暖通空调设备挤占了海上核动力平台等的宝贵作业空间。然而，现有的室外设计气象参数多用于陆地建筑 HVAC 系统，海域工程领域的 HVAC 相关设计气象参数尚属空白。

　　本书是西安建筑科技大学、中广核研究院有限公司在"十二五"国家科技支撑计划支持下，为了解决海域核动力工程环境保障设计用海洋环境设计气象参数基准问题而进行的"共性"理论研究成果总结。利用统计学方法，在海洋气象观测数据库的基础上，提出我国近海及毗邻海域核动力工程暖通空调室外空气设计气象参数，分析人工神经网络法应用于海域 HVAC 设计气象参数预测的可行性，推荐一种预测效果较好的人工智能算法(人工神经网络 ELM 模型)。

本书提出的室外空气设计气象参数分为安全级参数和非安全级参数。其中，安全级参数用于核动力工程中与核安全相关的系统；非安全级参数适用于常规系统及辅助设施，也可用于一般海域建筑工程，如岛礁建设、海上石油开采等海域工程，以及海洋船舶环境通风空调系统设计。本书给出的室外空气设计气象参数可为海域建筑工程通风空调设计气象参数标准编制提供基础性气象数据支撑。在此，衷心期望通过本书为我国海洋工程的建设与发展尽绵薄之力。

本书由李安桂牵头，西安建筑科技大学李安桂、董新伟和中广核研究院有限公司向文元、张守杰共同撰写，同时得到了帅剑云和李建维博士的支持和帮助，博士研究生韩欧为本书成稿做了大量辅助性工作，在此一并致谢。

由于作者水平和经验有限，书中难免存在疏漏和不妥之处，希望读者提供宝贵意见，以便进一步修订完善。

目　　录

符 号 表

t	干球温度(℃)
t^*	湿球温度(℃)
t_d	露点温度(℃)
p_0	大气压力(Pa)
p_w	湿空气中水蒸气分压力(Pa)
$p_{ws}(t)$	干球温度对应饱和水蒸气分压力(Pa)
$p_{ws}(t^*)$	湿球温度对应饱和水蒸气分压力(Pa)
$p_{ws}(t_d)$	露点温度对应饱和水蒸气分压力(Pa)
w	含湿量(g/kg)
w_s	饱和水蒸气分压力对应的含湿量(g/kg)
RH	相对湿度(%)
A	年较差(℃)
K	大陆度(%)
φ	纬度(°)
ρ	皮尔逊(Pearson)相关系数
SD	标准差
R^2	决定系数
MAE	平均绝对误差
MSE	均方误差
MAPE	平均绝对百分误差(%)

注：其他未列出符号见相应图、文说明。

第 1 章   HVAC 设计气象参数

海域核动力工程、建筑工程(海洋浮动式核动力平台、岛礁建设、海底石油开采等)离不开以供热、通风、空调、制冷技术等营造的人工环境保障系统。以海域核动力工程为例,它为远离海岸线的大型舰船,以及钻井平台、海洋岛礁等提供了日常生产、生活所需的能源保障[1]。室外设计气象参数是进行海域工程供热、通风、空调系统设计与分析的原始性、基础性依据,也是进行建筑热湿环境控制设计分析的必备条件。本章对工业、民用建筑及核动力工程暖通空调(heating,ventilating and air conditioning,HVAC)设计气象参数的演进概况进行阐述。

1.1   国内外设计气象参数概述

科学的供暖、通风、空调系统设计与建筑热环境分析均离不开准确的供冷、供热能耗设计计算,室外气候数据则是建筑环境(广义的建筑环境包括车、船、飞机等)冷热负荷设计分析的先决条件。设计气象参数通常包括干球温度、湿球温度和相对湿度等。国内外关于设计气象参数的研究工作仍在不断的发展完善中。

1.1.1   国内设计气象参数

国内关于室外设计参数的研究是不断发展进步的。1975 年出版的针对工业生产环境编制的《工业企业采暖通风和空气调节设计规范》[TJ 19—75(试行)][2]中就提出了室外空气计算参数的确定方法,规定"夏季空气调节室外计算干球温度,应采用历年平均每年不保证 50 h 的干球温度;冬季空气调节室外计算干球温度,应采用历年平均每年不保证 1 天的日平均温度;采暖室外计算温度,应采用历年平均每年不保证 5 天的日平均温度"。该方法成为我国几十年来室外空气计算参数确定方法的基础。

之后,1987 年出版的《采暖通风与空气调节设计规范》(GBJ 19—87)[3],给出了国内 203 个城市的设计气象参数数据,同时给出了室外计算温度的简化统计方法,并将供热、空调与通风关注的设计范围由工业领域扩大至民用领域。1990 年出版的《暖通空调设计规范专题说明选编》[4],增订了夏季空调室外计算逐时温度的方法,明确了设计计算用采暖期的统计方法;对负荷计算、通风换气、空气处理等做了补充和修改。1995 年出版的《空气调节设计手册(第二版)》[5],气象数据统计方法和相关规定均沿用了 GBJ19—87 的内容。

2003 年出版的《采暖通风与空气调节设计规范》(GB 50019—2003)[6],设计气象参数沿用了 GBJ19—87 的数据。2005 年,清华大学与中国气象局气象信息中心气象资料室合作出版了《中国建筑热环境分析专用气象数据集》[7],给出了全国 270 个台站的建筑热环境分析专用气象数据集,其数据内容包括基于观测资料整理出的设计气象参数,以及由实测数据生成的动态模拟分析用逐时气象数据。2007 年,陆耀庆等编写了《实用供热空调设计手册(第二版)》[8],其数据沿用了《中国建筑热环境分析专用气象数据集》内容。

2012 年出版的《民用建筑供暖通风与空气调节设计规范》(GB 50736—2012)[9]中,室外空气设计参数确定方法沿用了《工业企业采暖通风和空气调节设计规范》[TJ 19—75(试行)]的方法,即仍采用平均或累年不保证小时数或天数,只更新了部分数据,没有改变确定设计气象参数的方法。同年,张晴原和杨洪兴编著的《建筑用标准气象数据手册》[10],基于美国国家海洋和大气管理局(National Oceanic and Atmospheric Administration, NOAA)原始气象数据,生成了标准年气象数据、标准日气象数据以及不保证率气象数据。2015 年新版《工业建筑供暖通风与空气调节设计规范》(GB 50019—2015)[11]发布,其气象数据基本沿用了 GB 50736—2012 的内容,两者的室外空气计算参数值完全一样。此外,GB 50019—2015 补充了全国 270 个台站的 4 种极端设计参数(极端最高、最低气温等)。

对于国内航区,《船舶空调系统设计方法》(CB*/Z 330—83)[12]规定了黄海、渤海、东海海域的船舶空调系统夏季设计温度为 32℃,南海夏季设计温度为 34℃;黄海、渤海、东海冬季设计温度为-10℃,南海冬季设计温度为 5℃。

对于无限航区,《船舶起居处所空气调节与通风设计参数和计算方法》(GB/T 13409—92)[13]规定各海域的船舶类空调系统冬夏季设计参数均采用同一值,即统一采用夏季设计温度为 35℃,冬季设计温度为-20℃。《机械产品环境条件 海洋》(GB/T 14092.4—2009)[14]则规定了冬季渤海、黄海年设计最低温度为-20℃,东海、南海分别为-10℃和 5℃;夏季南海年设计最高温度为 40℃。

可以看出,迄今为止我国海域设计气象资料仍相对较少并较为粗泛,缺乏基于我国海域详细划分、体现当地海域气象特征的 HVAC 设计气象参数,也未涉及核安全级设计气象参数。

近年来，我国海域核动力工程及岛礁建设、海上石油开采等海洋工程发展迅猛，而为其提供环境保障的全局性人工环境系统，乃至生命保障系统往往是通过暖通空调技术来实现的。在工程设计中，供热、制冷、空调系统与设备的设计计算离不开当地设计气象参数。与普通工业及民用建筑相比，海域核动力工程 HVAC 设计气象参数还存在特殊性，即基于核动力工程安全需求，其设计气象参数对应分为安全级、非安全级两个等级，具体确定方法将在第 3 章和第 5 章详细阐述。

1.1.2　国外设计气象参数

国外室外计算参数的确定方法多为百分率法，该方法起源于美国，随后日本、英国等在此基础上确定了适用于各自国家的气象参数统计方法。

1949 年，美国采暖、制冷与空调工程师协会(American Society of Heating, Refrigerating and Air-Conditioning Engineers, ASHRAE)提出了按照"不保证率"确定室外计算参数的统计方法。Thom[15]借鉴水文学重现期统计方法，通过选定 5 个不同水平的累积发生频率(cumulative frequency of occurrence)确定室外设计计算温度，即夏季的设计参数基于年不保证率 0.4%、1%、2%，冬季设计参数则基于年保证率 99.6%、99.0%，奠定了 ASHRAE 标准的室外计算参数确定方法的基石。经过不断更新修正，《ASHRAE 手册——基础篇》(ASHRAE Handbook—Fundamentals)[16]详细阐述了 ASHRAE 室外计算参数统计方法，并给出世界范围 8118 个台站的室外空气计算参数，包括年设计参数及月设计参数，但并未涉及海域的设计气象参数。美国 2010 年版的《船上机械制冷和空调安装》(Mechanical Refrigeration and Air-Conditioning Installations Aboard Ship)[17]规定船舶空调设计温度取值范围为 4～50℃，主要用于船舶渔业冷藏、冷冻等机械制冷系统设计，不适用于我国环太平洋海域的实际情况。

英国注册建筑设备工程师学会 2017 年发布的环境设计指南 CIBSE Guide A: Environmental Design[18]，是目前英国工程界采用的暖通空调的设计依据，给出了英国城市冬、夏季的室外空气计算参数。英国的室外空气计算参数同样采用了保证率或不保证率计算方法。冬季设计参数分别给出了 99.6%、99%、98%、95%保证率下对应的干球温度及湿球温度，夏季设计参数则给出了不保证率为 0.4%、1.0%、2.0%、5.0%时对应的干球温度和湿球温度。

日本设计气象参数的统计方法与 ASHRAE 类似，是以 ASHRAE 方法为基础提出的"改进方法"[19]。日本的设计规范手册中规定冬季供暖选用不保证率为 2.5%、5%、7.5%、10%的小时温度。夏季空调室外计算干湿球温度分别采用不保证率为 2.5%、5%、7.5%、10%的小时干湿球温度。与 ASHRAE 不同的是，日本的计算参数是以夏季 6～9 月、冬季 11 月～次年 2 月各四个月的气象数据作为原始数据进行统计的，并非全年 8760 h。

概括而言，国外 HVAC 系统设计气象参数多采用百分率法，国内则采用了不保证小时数或天数的计算方法确定设计气象参数，规定了每种室外设计参数的具体用途。以《工业建筑供暖通风与空气调节设计规范》(GB 50019—2015)为例，分别给出了适用于供暖、通风、空调的室外设计气象参数值，使用对象和使用条件更加明确。供暖室外计算温度采用的是历年平均不保证 5 天的日平均温度，夏季空调室外计算干球温度则采用累年平均每年不保证 50 h 的干球温度。对于统计年份跨度而言，ASHRAE 及国内标准均推荐用于确定室外计算参数的气象数据统计时长为 30 年。

综上所述，现有的暖通空调设计气象参数多用于陆地建筑物(包括汽车、火车等广义建筑)，尚缺乏科学的针对海域工程的暖通空调系统设计气象参数。更为重要的是，与一般工业、民用建筑相比，核动力工程的 HVAC 设计气象参数有着特殊意义。

(1) 影响核动力工程暖通空调系统的投资及运行成本。

海域 HVAC 设计气象参数是海上核动力工程暖通空调系统设计的重要、直接基础性数据。空调系统能耗占其电气设备总能耗达 30%以上，也是其主要能耗负载。HVAC 设计气象参数的合理选择对暖通空调系统所承担的冷热负荷以及设备容量、布置空间和电力负荷影响极大。科学合理地计算海域核动力工程HVAC 设计气象参数，有望从需求侧减少核动力工程暖通空调系统投资及运行成本过大的矛盾。

(2) 解决核动力工程中暖通空调系统占用作业空间过大问题。

海上核动力工程属于离岸工程，其平台作业空间十分宝贵且内部空气环境保障较为困难，其生产、生活环境保障依赖于供热、通风、空调制冷系统。不合理的设计参数往往造成暖通空调系统设备容量偏大，设备占用作业空间增大，系统运行效率下降等问题。

(3) 保障海上油气田开采、海岛开发、人工岛礁及海上机场等海域工程的生活和工作环境。

科学合理的海域核动力工程 HVAC 设计气象参数，可为海上油气田开采、海岛开发、人工岛礁、海上机场等海域工程的环境保障提供科学的供热、通风、空调系统设计依据，以营造良好的生产及生活环境。

(4) 科学合理地确定海域设计气象参数，也有助于提高国防军事工程保障能力。

1.2　陆地核动力工程 HVAC 设计气象参数

1.2.1　核动力工程安全分级

核动力工程是核动力工程构筑物、系统和部件的通称。为确保核动力工程在各种运行工况下的安全性并兼顾经济性，在设计中，先根据相对核安全的重要程度对物项[1]进行安全分级，然后基于不同的安全等级采用不同的设计和制造规范等级进行设计及制造[20]。

不同系统或同一系统中各子系统的核安全功能重要性不同。在工程实践中提及某一系统或设备为某安全等级时，是指该系统或设备所具有的代表性安全等级。

概括而言，核动力工程的全部物项分为安全级和非安全级两大类。凡承担或支持下述三条基本安全功能的物项，一旦损坏可直接或间接造成重大安全事故的物项，以及其他具有防止或缓解事故功能的物项，称为安全级物项，除此之外的物项则为非安全级物项。其中，三项基本安全功能包括[20]：

(1) 控制反应性；

(2) 排出堆芯热量；

(3) 包容放射性物质与控制运行排放，以及限制事故放射性释放。

对于核动力工程安全级系统，在设计阶段必须遵循安全准则。当暖通空调系统承担安全级系统的环境保障功能时，一旦暖通空调系统失效，将会导致核动力工程安全级系统不可用，进而引发核安全事故，该部分暖通空调系统则定义为安全级系统，在设计阶段必须遵循安全准则。

对于安全级暖通空调系统，其设计气象参数均需满足安全级系统的要求，下面介绍欧美国家及我国对核动力工程暖通空调系统设计气象参数的相关规定与取值原则。

---

1) 物项(item)是针对材料、零件、部件、系统、构筑物或计算机软件等的通称。核安全的主要物项涉及控制反应性、排出堆芯余热以及限制事故放射性释放等，其安全组合的一部分失效或故障可能导致对厂区人员或公众过量辐射。

1.2.2　陆地核动力工程 HVAC 设计气象参数介绍

本小节简要介绍欧美部分国家及我国的核动力工程标准室外设计气象参数设计要求[21]。

1. 国外核电标准室外空气设计气象参数

1)《欧洲电力公司要求文件》

2016 年出版的《欧洲电力公司要求文件》(*European Utility Requirement*, EUR)给出了欧洲核电厂厂址条件设计基准外部灾害(design basis external hazards, DBEH)典型包络值(表 1.1)[22]，包括瞬时、短期、长期三个层次，每两个层次之间的温差为 5℃。相比于 D 版，E 版的参数考虑了气候变化的影响，有±4℃的差异。但对于暖通空调系统而言，如何使用其瞬时、短期、长期温度，EUR 中未有明确介绍。

表 1.1　欧洲核电厂厂址条件设计基准外部灾害典型包络值

参数类型	数值	备注
长期基准温度/℃	−29～36	
短期日平均温度/℃	−34～41	保证电厂连续性能，在保证电厂安全和操作的前提下，可短期超过正常温度
瞬时温度/℃	−39～46	—
夏季相对湿度/%	31	干球温度 46℃对应的相对湿度，对应的含湿量为 20g/kg
冬季相对湿度/%	100	干球温度−29℃对应的相对湿度

2)《美国电力公司要求文件》

2014 年出版的《美国电力公司要求文件》(*Utility Requirement Document*, URD)第 13 版中，给出了美国核电厂厂址环境设计参数包络值(表 1.2)[23]，包括三个层次，分别采用了不同发生率(不保证率)，与 EUR 的 E 版相比未考虑气候变化的影响。

表 1.2　美国核电厂厂址环境设计参数包络值

参数说明	范围	备注
不保证 5%的值	−20.6～35℃(对应湿球温度 25℃)	非安全级的汽轮机厂房、柴油机厂房、主蒸汽隔离阀(MSIV)隔间、泵房 HVAC 系统
不保证 1%的值	−23.3～37.8℃(对应湿球温度 25℃)	除采用 0%、5%之外的其他系统
不保证 0%的值	−40～46.1℃(对应湿球温度 26.7℃)	不保证 2 h 的历史极值，用于安全相关的系统、部件

3) 美国核管理委员会出版物

2016 年，美国核管理委员会(Nuclear Regulatory Commission)出版物 *NUREG-0800* 第 2 章提出了核电厂参数规定[24]，见表 1.3。*NUREG-0800* 虽未给出具体数值，但明确了暖通系统设计中所采用的室外设计气象参数取值方法。

表 1.3　*NUREG-0800* 规定的核电厂参数

参数类型	参数说明	备注
夏季干球温度及对应的平均湿球温度	年不保证 1%的值	—
	年不保证 0.4%的值	
	百年一遇最大值	
冬季干球温度	年不保证 1%的值	*NUREG-0800* 为 99%年发生率，此处统一为不保证的说法
	年不保证 0.4%的值	*NUREG-0800* 为 99.6%年发生率，此处统一为不保证的说法
	百年一遇最小值	
夏季湿球温度(非同时发生值)	年不保证 1%的值	—
	年不保证 0.4%的值	
	百年一遇最大值	

4) 英国安全评估原则

英国核能监管办公室(Office for Nuclear Regulation，ONR)于 2014 年发布了新版的安全评估原则 *Safety Assessment Principles for Nuclear Facilities*[25](简称 SAP)，提出了将极端气候条件作为外部灾害的一部分。SAP 设计要求中规定，须遵循万年一遇的设计基准，且需考虑核动力工程寿期内合理可预见的气候变化影响。然而，没有给出具体数值及取值方法。

5) 法国核电规范

法国核岛设备设计及建造协会(Association Française pour les règles de Conception, de construction et de surveillance en exploitation des matériels des Chaudières Electro-Nucléaires，AFCEN)于 2017 年发布了新版的 RCC-M(*Design and Construction Rules for Mechanical Components of PWR Nuclear Islands*)[26]，规定核岛暖通空调室外空气设计参数采用累年最热/最冷 3 个月不保证 1%的干球温度。

6) 其他标准

美国 *ANSI/ASHRAE Standard 169*(2013 版)[27]中给出了两套设计参数，分别为年设计参数(包括极端设计参数)和月设计参数。夏季年设计参数采用 0.4%、1.0%、2.0%不保证率下的参数，冬季年设计参数采用 99.6%、99%保证率下的参数，同时给出了年极端以及 5 年、10 年、20 年、50 年重现期的极端设计参数。

英国注册建筑设备工程师学会的 *CIBSE Guide A: Environmental Design* (2017 版)[18]参考了美国 ASHRAE 的做法，以 0.4%、1.0%、2.0%和 5.0% 4 种不同不保证率下的年设计参数作为夏季 HVAC 设计参数。对于冬季工况，还给出了不同温度区间 24 h 平均温度和 48 h 平均温度所出现的累积频率。

2. 国内核电标准室外空气设计气象参数

我国标准《核电厂工程气象技术规范》(GB/T 50674—2013)和《工业建筑供暖通风与空气调节设计规范》(GB 50019—2015)分别给出了核岛和常规岛厂房的暖通空调室外空气计算参数要求。

1) GB/T 50674—2013 相关要求

GB/T 50674—2013 给出了核岛厂房暖通空调室外计算参数(表 1.4)，包括安全设计参数和正常设计参数。其中，安全设计参数源自 URD 中不保证率 0%的要求；正常设计参数与 CPR 不保证 1%及 ASHRAE 年不保证 0.4%接近。

表 1.4　GB/T 50674—2013 中的核岛厂房暖通空调室外计算参数

参数类型	参数说明
最高正常设计干球、湿球温度	累年最热 4 个月不保证 1%逐时干球温度及对应的湿球温度
最低正常设计干球、湿球温度	累年最冷 3 个月不保证 1%逐时干球温度及对应的湿球温度
最高安全设计干球、湿球温度	累年最热 4 个月不保证 2 h 逐时干球温度及对应的湿球温度
最低安全设计干球、湿球温度	累年最冷 3 个月不保证 2 h 逐时干球温度及对应的湿球温度

2) GB 50019—2015 相关要求

GB 50019—2015 给出了常规岛厂房暖通空调室外计算参数(表 1.5)。

表 1.5　GB 50019—2015 中的核岛厂房暖通空调室外计算参数

参数类型	参数说明
夏季空调室外计算干球温度	累年平均每年不保证 50 h 的干球温度
冬季空调室外计算干球温度	累年平均每年不保证 1 d 的日平均温度
夏季空调室外计算湿球温度	累年平均每年不保证 50 h 的湿球温度
夏季通风室外计算温度	历年最热月 14 时平均温度的平均值
冬季通风室外计算温度	历年最冷月月平均温度的平均值

3. 国内核动力工程中室外空气计算参数的工程实践

1) CPR1000 核电项目

CPR1000 为国内"二代加"改进堆型,其核岛、常规岛及 BOP 暖通空调室外空气计算参数采用两套标准:核岛采用不保证 1% 的干球温度,常规岛及 BOP 则根据 GB 50019—2015 的要求进行选择(表 1.6)。

表 1.6　CPR1000 核电项目暖通空调室外空气计算参数

参数类型	参数说明
核岛	累年最热/最冷的 3 个月不保证 1% 的干球温度
常规岛及 BOP	根据 GB 50019—2015 的要求进行选择

2) 三代核电堆型项目

国内的三代核电堆型项目为华龙项目。华龙项目的核岛和常规岛也采用了两套标准:安全级系统参考 URD 中不保证 0% 的要求,即采用不保证 2 h 的温度参数;非安全级、常规岛及 BOP 系统根据 GB 50019—2015 的要求确定(表 1.7)。

表 1.7　华龙项目暖通空调室外空气计算参数

参数类型	参数说明
安全级系统	累年平均每年不保证 2 h 的温度参数
非安全级、常规岛及 BOP	根据 GB 50019—2015 的要求确定

通过上述分析可知,国内外关于陆地核动力工程的暖通空调室外计算参数选取存在一定的差异,如表 1.8 所示。

表 1.8　国内外陆地核动力工程的暖通空调室外计算参数选取

标准/导则	全厂是否同一体系	室外参数整体要求	极端温度	气候变化影响
欧洲 EUR	是	采用瞬时、短期、长期三类温度	考虑	考虑
美国 URD	是	采用不保证 0%、1%、5% 三类温度	未考虑	未考虑
美国 NUREG	是	采用极值、不保证 0.4%、1% 三类温度	考虑百年一遇	未考虑
英国 SAP	未明确	未明确规定	考虑万年一遇	电厂寿期内

续表

标准/导则	全厂是否同一体系	室外参数整体要求	极端温度	气候变化影响
中国三代项目	否	安全级采用不保证 2 h 的温度，非安全级、常规岛及 BOP 根据 GB 50019—2015 确定	未考虑	未考虑
中国 CPR1000	否	核岛采用不保证 1% 的温度（3 个月），常规岛及 BOP 根据 GB 50019—2015 确定	未考虑	未考虑

概括而言，其主要异同点如下：

美国：URD、NUREG 要求源自 ASHRAE 标准，核岛、常规岛及 BOP 采用同一体系，气候变化未考虑。

欧洲：EUR 反映了法国三代核反应堆设计的要求，普遍考虑了气候变化的影响。

中国：核岛与常规岛及 BOP 分开考虑，三代核反应堆参考了 URD 的要求，CPR 参考法国设计；而常规岛及 BOP 均采用国家标准 GB 50019—2015 的做法。

相对于陆地核动力工程，海域工程现有可供参考的有海上船舶暖通空调标准《船舶起居处所空气调节与通风设计参数和计算方法》(GB/T 13409—92)[13]和《船舶设计实用手册(轮机分册)》[28]，其舱外设计计算温度和相对湿度分别见表 1.9 和表 1.10，均是针对非安全级系统，不涉及安全级系统对应的舱外设计计算温度。

表 1.9　《船舶起居处所空气调节与通风设计参数和计算方法》舱外设计计算温度和相对湿度

工况	干球温度/℃	相对湿度/%
夏季	35	70
冬季	−20	—

注：上述数据适用于无限航区的船舶；对于有限航区船舶，可根据各航区具体确定。

表 1.10　《船舶设计实用手册(轮机分册)》舱外设计计算温度和相对湿度

工况	航区	干球温度/℃	相对湿度/%
夏季	无限航区：货船、豪华客船	35	70
	南沙、西沙海域	35	80
	东海	35	60
	黄海	32	60
	长江航线	36	65

续表

工况	航区	干球温度/℃	相对湿度/%
冬季	无限航区	−20	50
	黄海以北	−12～−10	60
	东海	−7～−5	60
	长江航线	−5	75

由此可见，对于海上核动力工程安全保障设计，有必要给出核动力工程对应的安全级系统设计准则及室外设计气象参数，这些气象参数应结合海域(地域)及国内外安全级暖通空调系统设计对应的室外气象参数的选取方法来确定。

1.3　海域核动力工程 HVAC 设计气象参数

本章在总结国内外相关研究进展的基础上，以 NOAA 关于环太平洋海域(我国近海及毗邻海域)原始气象观测数据为基础，建立海域核动力工程 HVAC 设计参数的确定依据及计算方法，提出我国环太平洋海域 HVAC 设计气象参数值。

本书提出的环太平洋海域核动力工程 HVAC 设计气象参数包括安全级参数和非安全级参数两大类。对于安全级空调、通风系统采用全年不保证 2 h 的干球温度和对应的湿球温度；非安全级系统的室外空气参数确定方法则与《工业建筑供暖通风与空气调节设计规范》(GB 50019—2015)一致。

环太平洋海域核动力工程 HVAC 设计气象参数类别见表 1.11。

表 1.11　环太平洋海域核动力工程 HVAC 设计气象参数一览表

安全分级	暖通空调设计气象参数
安全级参数	极端最高气温
	最高不保证 2 h 夏季空调设计用室外计算干球温度
	最高不保证 2 h 夏季空调设计用室外计算干球温度对应的湿球温度
	最高不保证 2 h 夏季空调设计用相对湿度
	极端最低温度
	最低不保证 2 h 冬季空调设计用室外计算温度
	最低不保证 2 h 冬季空调设计用室外计算温度对应的湿球温度
	最低不保证 2 h 冬季空调设计用相对湿度

续表

安全分级	暖通空调设计气象参数
非安全级参数	冬季供暖设计用室外计算温度
	冬季通风设计用室外计算温度
	冬季空调设计用室外计算温度
	夏季通风设计用室外计算温度
	夏季空调设计用室外计算干球温度
	夏季空调设计用室外计算相对湿度
	冬季空调设计用室外计算相对湿度
	夏季通风设计用室外计算相对湿度
	夏季空调设计用室外计算湿球温度
	夏季空调设计用室外计算日平均温度

根据《全国海洋功能区划(2011—2020 年)》[29]对渤海、黄海、东海、南海和台湾以东海域 5 大海区的区划方法，石油勘探划分海域方法，以及《西北太平洋波浪统计集》[30]对环太平洋的海域划分方法，吸纳我国核动力工程建设实践经验，考虑海域的经纬度位置，将我国环太平洋海域按经纬度划分为 18 个计算区域。我国环太平洋海域划分图见文献[30]。每个计算区域对应的经度和纬度见表 1.12。

表 1.12　计算区域经纬度

海域	区域名称	北纬范围	东经范围
渤海	B1	37.07°~41°	117.35°~121.1°
黄海	Y1	35°~39.5°	119.2°~126.5°
	Y2	31.4°~35°	119.2°~125°
东海	E1	29°~31.4°	120.5°~125°
	E2	30°~35°	125°~131°
	E3	26°~29°	119°~125°
	E4	25°~30°	125°~131°
	E5	23°~26°	117.11°~125°
南海	S1	21°~23°	112°~120°
	S2	15°~21.8°	105.6°~109°
	S3	15°~21.9°	109°~112°

续表

海域	区域名称	北纬范围	东经范围
	S4	18°～21°	112°～120°
	S5	15°～18°	112°～120°
	S6	10°～15°	106.6°～112°
南海	S7	10°～15°	112°～120°
	S8	0°～5°～13.7°	100°～110°～105°
	S9	5°～10°	105°～110°
	S10	0°～10°	110°～120°

环太平洋海域北纬 0°～41°、东经 100°～131°涵盖了我国渤海、黄海、东海、南海等主要海域。18 个计算海域(海区)"方块"编号准则为：渤海为 B，黄海为 Y，东海为 E，南海为 S。编号顺序按经度自西向东、按纬度自北向南。B1 位于我国渤海海域，Y1、Y2 位于黄海海域，E1～E5 位于东海海域，S1～S10 位于南海海域。

通过环太平洋海域范围区域划分，确保各计算海域的设计气象参数能够准确体现当地海域的气候特征。

1.4　本书主要内容及设计气象参数求解流程

本书内容主要包含以下几个方面：

基于统计法获得中国环太平洋海域核动力工程 HVAC 室外空气设计气象参数，分析人工智能算法(人工神经网络法)用于环太平洋海域 HVAC 计算参数预测的可行性，推荐适用于未知海域设计气象参数预测的人工智能算法(人工神经网络 ELM 模型)。

本书的主要内容如下：

第 1 章叙述暖通空调室外计算参数的国内外研究现状，介绍环太平洋海域暖通空调设计参数；

第 2 章介绍原始气象观测数据来源及相应的气象数据台站、年份等信息，并对气象数据有效性进行验证；

第 3 章阐述基于统计方法的安全级参数和非安全级参数确定方法；

第 4 章提出人工神经网络方法及模型，分析不同人工神经网络模型的预测效果并给出推荐模型；

第 5 章分析计算结果,提出环太平洋相关海域核动力工程 HVAC 设计气象参数;

详细数据列于附录 A～附录 D 中。

本书可为海域核动力工程环境保障所需的供暖、通风、空调等系统负荷计算、设备制造、系统设计提供设计计算依据,同时作为《海域核电建筑工程通风空调设计气象参数标准》等标准规范的参考依据。

海域核动力工程 HVAC 设计气象参数求解流程见图 1.1。

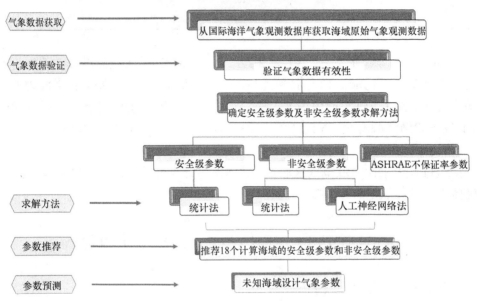

图 1.1　海域核动力工程 HVAC 设计气象参数求解流程

参 考 文 献

[1] IEA. IEA Electricity Information[EB/OL]. [2020-01-10]. https://www.iea.org/subscribe-to-data-services/electricity-statistics.

[2] 中华人民共和国冶金工业部. 工业企业采暖通风和空气调节设计规范: TJ 19—75(试行)[S]. 北京: 中国建筑工业出版社, 1975.

[3] 中华人民共和国国家计划委员会. 采暖通风与空气调节设计规范: GBJ 19—87[S]. 北京: 中国计划出版社, 1987.

[4] 暖通规范管理组. 暖通空调设计规范专题说明选编[M]. 北京: 中国计划出版社, 1990.

[5] 电子工业部第十设计研究院. 空气调节设计手册[M]. 2 版. 北京: 中国建筑工业出版社, 1995.

[6] 中华人民共和国建设部, 中华人民共和国国家质量监督检验检疫总局. 采暖通风与空气调节设计规范: GB 50019—2003 [S]. 北京: 中国建筑工业出版社, 2003.

[7] 中国气象局气象信息中心气象资料室, 清华大学建筑技术科学系. 中国建筑热环境分析专用气象数据集[M]. 北京: 中国建筑工业出版社, 2005.

[8] 陆耀庆. 实用供热空调设计手册[M]. 2 版. 北京: 中国建筑工业出版社, 2007.

[9] 中华人民共和国住房和城乡建设部, 中华人民共和国国家质量监督检验检疫总局. 民用建筑供暖通风与空气调节设计规范: GB 50736—2012[S]. 北京: 中国建筑工业出版社, 2012.

[10] 张晴原, 杨洪兴. 建筑用标准气象数据手册[M]. 北京: 中国建筑工业出版社, 2012.

[11] 中华人民共和国住房和城乡建设部, 中华人民共和国国家质量监督检验检疫总局. 工业建筑供暖通风与空气调节设计规范: GB 50019—2015[S]. 北京: 中国计划工业出版社, 2015.

[12] 全国船舶标准化技术委员会. 船舶空调系统设计方法: CB*/Z 330—83[S]. 北京: 中国标准出版社, 1983.

[13] 国家技术监督局. 船舶起居处所空气调节与通风设计参数和计算方法: GB/T 13409—92[S]. 北京: 中国标准出版社, 1992.

[14] 中华人民共和国国家质量监督检验检疫总局, 中国国家标准化管理委员会. 机械产品环境条件 海洋: GB/T 14092.4—2009[S]. 北京: 中国标准出版社, 2009.

[15] THOM H C S. Revised winter outdoor design temperatures[J]. ASHRAE Transactions, 1957, 63: 111-128.

[16] ASHRAE. ASHRAE Handbook—Fundamentals[M]. Atlanta: ASHRAE Incorporated, 2017.

[17] ASHRAE. Mechanical Refrigeration and Air-Conditioning Installations Aboard Ship[S]. Atlanta: American Society of Heating, Refrigerating, and Air Conditioning Engineers Inc, 2010.

[18] CIBSE. CIBSE Guide A: Environmental Design[M]. London: Chartered Institution of Building Services Engineers(CIBSE), 2017.

[19] TAKEDA H. Tokyo weather data for air-conditioning: outdoor design conditions for heating and cooling loads by the tac method[J]. Energy and Buildings, 1991, 15(1-2): 263-269.

[20] 国家核安全局. 核动力厂设计安全规定: HAF102—2016[S]. 北京: 中国水利水电出版社, 2016.

[21] 刘超, 彭永森, 王军民. 核电厂暖通空调系统室外空气计算参数选取的对比研究[J]. 暖通空调, 2019, 49(2): 24-28.

[22] EUR Organization. European Utility Requirements[M]. Lyon: European Utility Requirements Organization, 2016.

[23] EPRI. Advanced Nuclear Technology: Advanced Light Water Reactors Utility Requirements Document Small Modular Reactors Inclusion Summary[M]. California: Electric Power Research Institute, 2014.

[24] USNRC. Standard Review Plan for the Review of Safety Analysis Reports for Nuclear Power Plants: LWR Edition: NUREG-0800[M]. Washington: US Nuclear Regulatory

Commission, 2016.

[25] ONR. Safety Assessment Principles for Nuclear Facilities[S]. 2014 Edition, Revision 1. Merseyside: Office for Nuclear Regulation, 2020.

[26] AFCEN. Design and Construction Rules for Mechanical Equipment of PWR Nuclear Islands(RCC-M)[S]. Courbevoie: Association Française pour les règles de Conception, de construction et de surveillance en exploitation des matériels des Chaudières Electro Nucléaires, 2017.

[27] ANSI/ASHRAE. Climatic Data for Building Design Standards[S]. Atlanta: American Society of Heating, Refrigerating and Air-Conditioning Engineers Inc, 2013.

[28] 中国船舶工业总公司. 船舶设计实用手册(轮机分册)[M]. 北京: 国防工业出版社, 2013.

[29] 国家海洋局. 全国海洋功能区划(2011—2020 年)[R]. 北京: 国家海洋局, 2012.

[30] 方钟圣, 金承仪, 缪泉明. 西北太平洋波浪统计集[M]. 北京: 国防工业出版社, 1996.

第 2 章　海域气象数据获取及有效性验证

本章以西沙群岛温度数据变化曲线为例，分析国内气象数据、NOAA 观测气象数据的逐时温度及日平均温度波动规律的一致性，并进行有效性验证。

2.1　计算海域台站信息及气象数据统计年份

根据世界气象组织(World Meteorological Organization，WMO)第 40 号决议[*Resolution 40(Cg-XⅡ)*][1]，所有成员国可以共享其气象数据观测资料，NOAA 是国际上应用较为广泛的气象数据库。本书气象观测的原始数据主要来源于 NOAA[2]，除此之外，还利用我国部分海洋气象观测数据进行比较。一些气象数据手册如《建筑用标准气象数据手册》[3]和《海–陆–气常规气象数据说明手册》[4]也采用了 NOAA 的气象数据。

气象数据统计分析表明，设计气象参数的统计年份越长，室外计算参数越稳定，室外气温均值及极端温度的稳定性越好，越具有代表性。气候统计学对气温日变化一般性规律的研究表明，气象数据统计期一般应取 15～30 年。以统计期 30 年为例，空调室外计算温度变化一般仅有 0.1℃[5]，本书选用了 1989～2018 年为气象数据统计期，部分台站数据有所缺失，但均保证统计期大于 15 年。

书中选取环太平洋海域 18 个计算海域的气象观测数据(统计年份为 16～30 年)，对相应的气象数据进行分析计算，各计算海域台站编号、地理位置及气象数据统计年份等基本信息如表 2.1 所示。

表 2.1　各计算海域台站编号、地理位置及气象数据统计年份

海域	计算海域*	台站名称	台站 ID	北纬/(°)	东经/(°)	海拔/m	气象数据统计年份(年限)	数据类型
渤海	B1	CHANG	54751099999	37.93	120.72	40.00	1989～2018 年(30 年)	3 次定时
黄海	Y1	BAENGN YEONGDO	54587099999	37.97	124.63	145.50	2002～2018 年(17 年)	3 次定时
	Y2	LUSI	58265099999	32.07	121.60	10.00	1989～2018 年(30 年)	3 次定时

续表

海域	计算海域*	台站名称	台站 ID	北纬/(°)	东经/(°)	海拔/m	气象数据统计年份(年限)	数据类型
东海	E1	SHENGSI	58472099999	30.73	122.45	81.00	1989～2018 年(30 年)	3 次定时
	E2	GOSAN	47185043263	33.29	126.16	71.90	1989～1999 年,2005～2018 年(25 年)	3 次定时
	E3	DACHEN DAO	58666099999	28.45	121.88	84.00	1989～2018 年(30 年)	3 次定时
	E4	NAGO	47940099999	26.60	127.97	7.10	2003～2018 年(16 年)	逐时
	E5	MAGONG	46734099999	23.57	119.63	31.40	1973～1995 年,1997～1998 年(25 年)	3 次定时
南海	S1	CHEUNG CAAU	45044099999	22.20	114.02	79.00	2003～2018 年(16 年)	逐时、3 次定时
	S2	BACH LONG UI	48839099999	20.13	107.72	56.00	1992～2018 年(27 年)	3 次定时
	S3	SANHU DAO	59985099999	16.53	111.62	5.00	1989～2018 年(30 年)	3 次定时
	S4	DONGSHA DAO	59792099999	20.67	116.72	6.00	1989～2017 年(29 年)	3 次定时
	S5	XISHA DAO	59981099999	16.83	112.33	5.00	1989～2018 年(30 年)	3 次定时
	S6	PHAN THIET	48887099999	10.93	108.10	5.00	1993～2018 年(26 年)	3 次定时
	S7	SONG TU TAY	48892099999	11.42	114.33	5.00	1999～2018 年(20 年)	6 次定时
	S8	TAO CHU	48916099999	9.28	103.47	24.00	1999～2018 年(20 年)	6 次定时
	S9	CON SON	48918099999	8.68	106.60	9.00	1995～2018 年(24 年)	3 次定时
	S10	TROONG	48920099999	8.65	111.92	3.00	1995～2018 年(24 年)	3 次定时

　　*B1～S10 为各计算海域的名称。编号准则为：渤海为 B, 黄海为 Y, 东海为 E, 南海为 S。按经度自西向东, 按纬度自北向南。

　　海域气象参数观测项目包括气温、露点温度、本站大气压力等气象要素, 每天定时观测。观测时次包括逐时、3 次定时(观测时间间隔 3 h)、6 次定时(观测时间间隔 6 h)。气象数据观测记录时间跨度为 16～30 年。

2.2　气象数据有效性验证

为了验证气象数据的有效性，本节将同一时刻、同一地点的 NOAA 气象数据与国内气象观测数据进行比较。以西沙群岛(计算海域 S5)2016 年全年逐时温度数据为例，国内及 NOAA 的观测点地理位置信息见表 2.2。图 2.1~图 2.4 分别给出了西沙群岛 2016 年(全年 12 个月)的逐时或 3 次定时温度-时间序列图，2 月份、7 月份逐时或 3 次定时温度-时间序列图，以及 2016 年全年日平均温度-时间序列图。

表 2.2　西沙群岛观测点地理位置信息

数据来源	北纬/(°)	东经/(°)	传感器海拔/m
国内	16.84	112.33	10.0
NOAA	16.83	112.33	5.0

从观测点地理位置信息可以看出，国内和 NOAA 观测点的经度和纬度基本相同，传感器的海拔略有不同。

为了比较两种来源气象数据的一致性，根据从 NOAA 获取的 2016 年西沙群岛的气象数据，绘制出其温度-时间序列曲线，同时在该图中绘制出国内气象数据给出的 2016 年逐时温度-时间序列曲线，见图 2.1。注意，NOAA 气象数据的观测时次为 3 次定时，国内为逐时观测值。

定性分析图 2.1，两种数据波动幅度基本一致，具有相同的变化规律，两种来源气象数据的温度变化具有一致性。为进一步比较两种来源气象数据的相似程度及一致性，采用皮尔逊相关系数 $\rho(X,Y)$[6]，对两种数据的一致性进行定量分析。$\rho(X,Y)$ 越趋近于 1，两个对象之间的相似程度越高。相关系数计算见式(2.1)。

$$\rho(X,Y)=\frac{\mathrm{cov}(X,Y)}{\sigma_X\sigma_Y}=\frac{E\left\{[X-E(X)][Y-E(Y)]\right\}}{\sigma_X\sigma_Y} \tag{2.1}$$

式中，X ——国内气象数据；

Y ——NOAA 气象数据；

$\mathrm{cov}(X,Y)$ ——国内气象数据与 NOAA 气象数据的协方差；

σ_X ——国内气象数据的样本标准差；

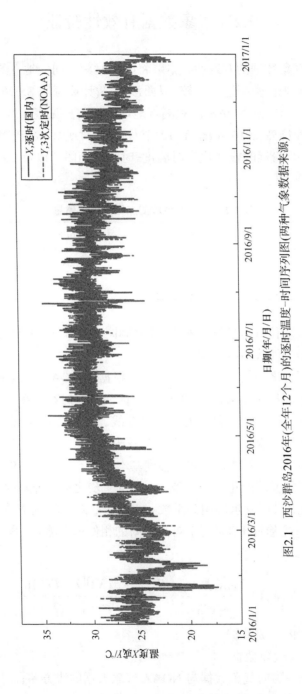

图2.1　西沙群岛2016年(全年12个月)的逐时温度-时间序列图(两种气象数据来源)

σ_Y——NOAA 气象数据的样本标准差；

$E(X)$——国内气象数据的总体平均值；

$E(Y)$——NOAA 气象数据的总体平均值。

式(2.1)定义了两种来源气象数据——国内气象数据与 NOAA 气象数据的总体相关系数，据此计算气象数据样本(样本值分别为 2016 年全年、2 月和 7 月的气象数据值)的协方差和标准差，可得皮尔逊相关系数，用 ρ 表示：

$$\rho = \frac{\sum_{i=1}^{n}(X_i - \bar{X})(Y_i - \bar{Y})}{\sqrt{\sum_{i=1}^{n}(X_i - \bar{X})^2}\sqrt{\sum_{i=1}^{n}(Y_i - \bar{Y})^2}} \tag{2.2}$$

式中，i——气象数据样本中第 i 个值；

$\bar{X}$——国内气象数据的样本平均值；

$\bar{Y}$——NOAA 气象数据的样本平均值。

根据式(2.1)和式(2.2)计算得到全年气象数据的相关系数 ρ 为 0.96，表明两种不同来源数据吻合度、可靠度高，具有一致性。

为了进一步探究、观察两种来源空气温度数据波动规律的一致性，图 2.2 和图 2.3 分别给出了西沙群岛 2016 年 2 月、7 月的温度数据变化曲线(国内气象数据观测时次为逐时，NOAA 观测时次为 3 次定时)。从图 2.2 和图 2.3 看出，除了部分时间温度峰值和谷值存在差异之外，两组不同来源的温度数据变化均趋向一致。

图 2.4 给出了西沙群岛 2016 年的日平均温度数据变化特性曲线。图中表明，两组不同来源气象数据的日平均温度在全年内的变化趋势相同，日平均温度的相关系数为 0.99，说明两种来源气象数据高度吻合，只是部分时间段出现了差异，但最大不超过 0.5℃。

以上分析表明，无论是逐时温度还是日平均温度，NOAA 和国内气象台站的气象数据完全吻合，均具有较好的可靠性。NOAA 气象数据记录年份较长且更加全面，本书以 NOAA 气象数据为统计分析基础，确定海域工程的室外空气设计气象参数。

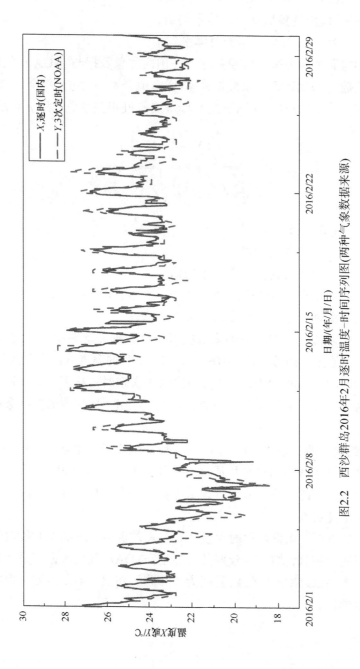

图2.2　西沙群岛2016年2月逐时温度-时间序列图(两种气象数据来源)

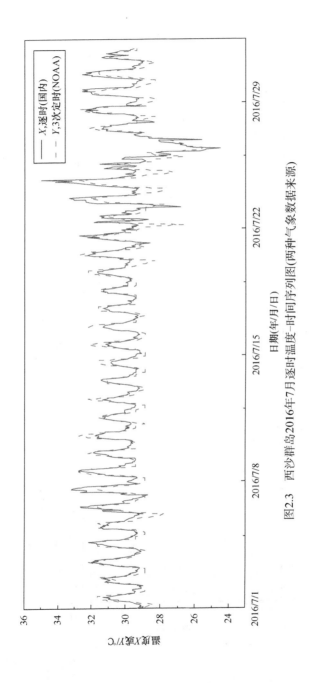

图2.3　西沙群岛2016年7月逐时温度-时间序列图(两种气象数据来源)

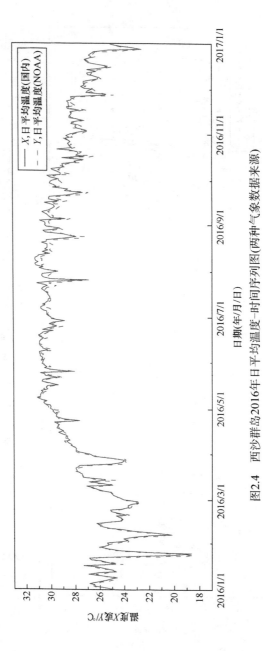

图2.4　西沙群岛2016年日平均温度-时间序列图(两种气象数据来源)

参 考 文 献

[1] World Meteorological Organization. Resolution 40(Cg-XⅫ)[EB/OL]. [2012-10-31]. https://
www.wmo.int/pages/prog/www/ois/Operational_Information/Publications/Congress/Cg_XⅫ/res40_
en.html.

[2] National Oceanic and Atmospheric Administration. GIS Date Locator[DB/OL]. [2018-10-
10]. https://gis.ncdc.noaa.gov/maps/clim/cdo/hourly.

[3] 张晴原, 杨洪兴. 建筑用标准气象数据手册[M]. 北京: 中国建筑工业出版社, 2011.

[4] 穆松宁. 海-陆-气常规气象数据说明手册[M]. 北京: 北京理工大学出版社, 2011.

[5] 暖通规范管理组. 暖通空调设计规范专题说明选编[M]. 北京: 中国计划出版社, 1990.

[6] PEARSON K. Contributions to the mathematical theory of evolution, Ⅱ: Skew variation
homogeneous material[J]. Proceedings of the Royal Society of London, 1893, 54(326-330):
329-333.

第 3 章　海域核动力工程安全级及非安全级设计气象参数

前面章节述及，室外设计气象参数是供暖、通风、空调设备系统设计的原始依据和必备条件，是完成暖通空调系统设计的"出发点"。根据海域核动力工程的特点，其物项分为安全级和非安全级两大类，确定核动力工程设计气象参数时，除了考虑海域地理位置外，还须对应的考虑安全级及非安全级保证率的要求。

3.1　安全级设计气象参数

安全级设计气象参数是以保障核动力工程安全为目标，承担控制核反应性、排出堆芯热量、控制放射性物质释放有关物项的供热通风空调系统设计用气象参数，相比普通工业与民用建筑，对气象参数保证率要求更加严格。它包括累年极端最高(最低)气温、历年极端最高(最低)气温平均值、不保证 2 h 干球温度、不保证 2 h 湿球温度及不保证 2 h 相对湿度等。以下对各参数的确定方法进行阐述。

3.1.1　极端最高、最低气温

极端最高、最低气温的确定可采用两种方案：方案一计算累年极端最高(最低)气温、历年极端最高(最低)气温；方案二采用 Bonsal-百分位阈值法确定各计算海域不同阈值下的极端最高(最低)气温，两种方案的计算方法如下。

1. 方案一：累年极端最高(最低)气温、历年极端最高(最低)气温

(1) 累年极端最高气温：累年逐日最高温度的最高值；
累年极端最低气温：累年逐日最低温度的最低值。
具体统计计算方法如下：
对各计算海域，选取 30 年的气象数据(不足 30 年则按实有年份采用，至

少 15 年)。取累年气象数据中每一日的日最高气温(日最低气温)，在逐年逐日的日最高气温(最低气温)数据中选取累年最高气温(最低气温)，获取的累年最高气温(累年最低气温)即为累年极端最高气温(累年极端最低气温)。

(2) 历年极端最高气温平均值：采用历年极端最高气温的平均值；

历年极端最低气温平均值：采用历年极端最低气温的平均值。

统计计算方法如下：

对各计算海域，选取 30 年的气象数据(不足 30 年则按实有年份采用)。取每一年气象数据中每一日的日最高气温(日最低气温)，将多年的日最高(日最低)温度取算术平均，计算得到的多年日最高(日最低)温度的平均值，即为所求的历年极端最高(最低)气温平均值。

以上气象数据统计方法也被国家标准《工业建筑供暖通风与空气调节设计规范》(GB 50019—2015)采用。

2. 方案二：Bonsal-百分位阈值法

在气候变化极值研究中常采用百分位阈值法确定极端气象参数。

百分位阈值法年高温 1%、5%阈值的定义为历年日最高气温从大到小排序后第 1、5 百分位值；年低温 1%、5%阈值的定义为日最低气温从小到大排序后第 1、5 百分位值。年极端高温定义为大于年高温阈值的日最高气温的平均值；年极端低温定义为小于年低温阈值的日最低气温的平均值。

常用确定百分位阈值的方法之一是 Bonsal 法[1]，其定义为：如果某个气象要素有 n 个值，将这 n 个值按升序排列，x_1, x_2,…, x_m,…, x_n,某个值小于或等于 x_m 的概率 P 为

$$P = (m - 0.31) / (n + 0.38) \tag{3.1}$$

式中，m——x_m 的序号，如果有 30 个值，那么第 95 个百分位上的值为排序后的 x_{29}($P = 94.4\%$) 和 x_{30}($P = 97.7\%$) 的线性差值；

n——某个气象要素值的个数；

0.31、0.38——经验系数。

各计算海域的极端最高(最低)气温的计算结果见附录 A。

3.1.2　不保证 2 h 干球(湿球)温度

1. 不保证 2 h 干球温度

不保证 2 h 干球温度采用累年平均每年不保证 2 h 的方法进行气象数据统计。其计算要点包括：

各计算海域选取 30 年的气象数据(不足 30 年则按实有年份采用，至少 15年)。特别指出，由于全范围自动气象站技术近几年才相继投入使用，部分地区数据是以每天 3 次定时或 6 次定时温度记录为基础，即观测时间间隔为 3 h或 6 h，每时次可按 3 h 或 6 h 进行统计。

最高不保证 2 h 夏季空调设计用室外计算干球温度：

将各海域的 n 年(设统计年份为 n 年)全年小时气象数据进行降序排列，选取统计数据中的干球温度高于夏季空调室外计算干球温度的时间平均每年不超过 2 h，即累年不超过 $2n$ h 的温度为最高不保证 2 h 夏季空调设计用室外计算干球温度。

最低不保证 2 h 冬季空调设计用室外计算温度：

将各海域 n 年的全年小时气象数据进行升序排列，选取统计数据中的干球温度低于冬季空气调节室外计算干球温度的时间平均每年不超过 2 h，即累年不超过 $2n$ h 的温度为最低不保证 2 h 冬季空调设计用室外计算温度。

2. 不保证 2 h 干球温度对应的湿球温度

由于 NOAA 原始气象数据不包含湿球温度参数，对不保证 2 h 干球温度对应的湿球温度采用公式法进行求解[2]。

求解湿球温度 t^* 的基本参数：

——干球温度 t；

——露点温度 t_d；

——大气压力 p_0。

涉及的变量主要有：

——干球温度对应的饱和水蒸气分压力 $p_{ws}(t)$；

——湿球温度对应的饱和水蒸气分压力 $p_{ws}(t^*)$；

——露点温度对应的饱和水蒸气分压力 $p_{ws}(t_d)$；

——干球温度下的含湿量 w；

——湿球温度下的含湿量 w_s^*。

当温度在 0～200℃时，干球温度、湿球温度、露点温度对应的饱和水蒸气分压力分别如下。

干球温度对应的饱和水蒸气分压力为

$$p_{ws}(t) = \exp\left[\frac{C_8}{t+273.15} + C_9 + C_{10}(t+273.15) + C_{11}(t+273.15)^2 \right.$$
$$\left. + C_{12}(t+273.15)^3 + C_{13}\ln(t+273.15) \right] \qquad (3.2)$$

湿球温度对应的饱和水蒸气分压力为

$$
\begin{aligned}
p_{ws}(t^*) = \exp\Big[& \frac{C_8}{t^* + 273.15} + C_9 + C_{10}(t^* + 273.15) + C_{11}(t^* + 273.15)^2 \\
& + C_{12}(t^* + 273.15)^3 + C_{13}\ln(t^* + 273.15) \Big]
\end{aligned} \tag{3.3}
$$

露点温度对应的饱和水蒸气分压力为

$$
\begin{aligned}
p_{ws}(t_d) = \exp\Big[& \frac{C_8}{t_d + 273.15} + C_9 + C_{10}(t_d + 273.15) + C_{11}(t_d + 273.15)^2 \\
& + C_{12}(t_d + 273.15)^3 + C_{13}\ln(t_d + 273.15) \Big]
\end{aligned} \tag{3.4}
$$

式中，$C_8 = -5.800\ 220\ 6\times10^3$；

$C_9 = 1.391\ 499\ 3$；

$C_{10} = -4.864\ 023\ 9\times10^{-2}$；

$C_{11} = 4.176\ 476\ 8\times10^{-5}$；

$C_{12} = -1.445\ 209\ 3\times10^{-8}$；

$C_{13} = 6.545\ 967\ 3$。

当温度在 $-100\sim0$℃时，干球温度、湿球温度、露点温度对应的饱和水蒸气分压力分别如下。

干球温度对应的饱和水蒸气分压力为

$$
\begin{aligned}
p_{ws}(t) = \exp\Big[& \frac{C_1}{t + 273.15} + C_2 + C_3(t + 273.15) + C_4(t + 273.15)^2 \\
& + C_5(t + 273.15)^3 + C_6(t + 273.15)^4 + C_7\ln(t + 273.15) \Big]
\end{aligned} \tag{3.5}
$$

湿球温度对应的饱和水蒸气分压力为

$$
\begin{aligned}
p_{ws}(t^*) = \exp\Big[& \frac{C_1}{t^* + 273.15} + C_2 + C_3(t^* + 273.15) + C_4(t^* + 273.15)^2 \\
& + C_5(t^* + 273.15)^3 + C_6(t^* + 273.15)^4 + C_7\ln(t^* + 273.15) \Big]
\end{aligned} \tag{3.6}
$$

露点温度对应的饱和水蒸气分压力为

$$
\begin{aligned}
p_{ws}(t_d) = \exp\Big[& \frac{C_1}{t_d + 273.15} + C_2 + C_3(t_d + 273.15) + C_4(t_d + 273.15)^2 \\
& + C_5(t_d + 273.15)^3 + C_6(t_d + 273.15)^4 + C_7\ln(t_d + 273.15) \Big]
\end{aligned} \tag{3.7}
$$

式中，$C_1 = -5.674\ 535\ 9\times10^3$ ；

$C_2 = 6.392\ 524\ 7$ ；

$C_3 = -9.677\ 843\ 0\times10^{-3}$ ；

$C_4 = 6.221\ 570\ 1\times10^{-7}$ ；

$C_5 = 2.074\ 782\ 5\times10^{-9}$ ；

$C_6 = -9.484\ 024\ 0\times10^{-13}$ ；

$C_7 = 4.163\ 501\ 9$ 。

对于给定的空气状态点，其湿空气的水蒸气分压力 p_w 即为其露点温度对应的饱和水蒸气分压力 $p_{ws}(t_d)$ ，即 $p_w = p_{ws}(t_d)$ 。

含湿量与大气压之间存在以下函数关系。

水蒸气分压力对应的含湿量：

$$w = 0.621\ 945\frac{p_w}{p_0 - p_w} \tag{3.8}$$

饱和水蒸气分压力所对应的含湿量：

$$w_s = 0.621\ 945\frac{p_{ws}}{p_0 - p_{ws}} \tag{3.9}$$

当湿球温度 t^* 在 0℃以上时：

$$w = \frac{\left(2501 - 2.326t^*\right)w_s^* - 1.006(t - t^*)}{2501 + 1.86t - 4.186t^*} \tag{3.10}$$

当湿球温度 t^* 在 0℃以下时：

$$w = \frac{\left(2830 - 0.24t^*\right)w_s^* - 1.006(t - t^*)}{2830 + 1.86t - 2.1t^*} \tag{3.11}$$

式中，w_s^* ——湿球温度对应的饱和水蒸气分压力 $p_{ws}(t^*)$ 求得的含湿量。

利用公式法迭代求解湿球温度的具体步骤如下：

基于以上公式，先假设一个湿球温度 t^* ，依据式(3.3)或式(3.6)计算出假设湿球温度对应的饱和大气压 $p_{ws}(t^*)$ ，之后通过式(3.9)计算出湿球温度对应饱和大气压下的含湿量 w_s^* ，然后依据式(3.10)或式(3.11)计算出干球温度与假设的湿球温度下的含湿量 w_x 。通过露点温度计算湿空气的水蒸气分压力 p_w ，再由式(3.8)计算出水蒸气分压力对应的含湿量 w ；最后判断由假设湿球温度计算出

的含湿量 w_x 与由湿空气水蒸气分压力计算出的含湿量 w 的接近程度，当由假设湿球温度计算出的含湿量 w_x 无限接近于湿空气水蒸气分压力计算出的含湿量 w 时，可认为由假设湿球温度计算出的含湿量 w_x 即为湿空气水蒸气分压力计算出的含湿量，相应的假设湿球温度即为所求的湿球温度 t^*；否则重新假设湿球温度，重新计算 w_x，直到其"无限接近" w 为止。

关于湿球温度的求解，"无限接近"的取值精度为假设湿球温度计算的含湿量 w_x 与湿空气水蒸气分压力计算的含湿量 w 的绝对误差小于 1×10^{-6}。求解湿球温度的计算流程见图 3.1。

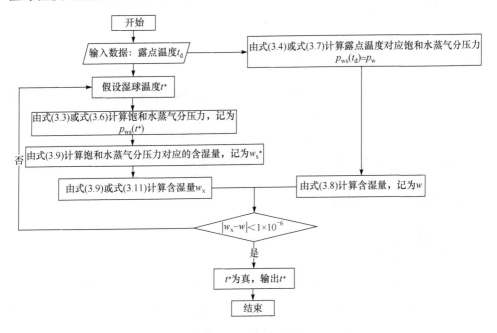

图 3.1　湿球温度迭代计算流程

3. 不保证 2 h 相对湿度

不保证 2 h 相对湿度可由相对湿度定义计算，即相对湿度定义为湿空气的水蒸气分压力与同温度下饱和湿空气的水蒸气分压力之比，即

$$\text{RH} = \frac{p_w}{p_{ws}(t)} \tag{3.12}$$

式中，p_w——空气状态点湿空气的水蒸气分压力，其与露点对应的饱和水蒸气分压力相等，即 $p_w = p_{ws}(t_d)^{[2]}$，Pa。

各计算海域的不保证空调设计 2 h 干球温度(湿球)温度及相对湿度的计算结果见附录 B。

3.2 非安全级设计气象参数

不同于核动力工程对应的安全级设计参数确定方法，非安全级设计气象参数可用常规的工业或民用建筑供暖通风空调设计规范界定的方法得出[3]。

3.2.1 供暖设计气象参数

冬季供暖设计用室外计算温度采用累年平均每年不保证 5 天的日平均温度法求解。

供暖室外计算温度按照累年室外实际出现的较低的日平均温度低于供暖室外计算温度的时间，平均每年不超过 5 天的原则确定。在用于统计的年份(n 年)中，将所有年份的日平均温度由小到大进行排序，选择第 $5n+1$ 个数值作为供暖室外计算温度，累年不保证 $5n$ 天，即累年平均每年不保证 5 天。

3.2.2 空调设计气象参数

空调设计参数包括：
——海域冬季空调设计用室外计算温度；
——海域冬季空调设计用室外计算相对湿度；
——海域夏季空调设计用室外计算干球温度；
——海域夏季空调设计用室外计算湿球温度；
——海域夏季空调设计用室外计算日平均温度。

1. 冬季空调设计用室外计算温度

海域冬季空调设计用室外计算温度采用累年平均每年不保证 1 天的日平均温度。

空调室外计算温度按照累年室外实际出现的较低的日平均温度低于空调室外计算温度的时间，平均每年不超过 1 天的原则确定。在用于统计的年份(n 年)中，将所有年份的日平均温度由小至大进行排序，选择第 $n+1$ 个数值作为冬季空调设计用室外计算温度，累年不保证 n 天，即累年平均每年不保证 1 天。

2. 冬季空调设计用室外计算相对湿度

由于原始气象观测数据不包含相对湿度数据，冬季空调设计用室外计算相对湿度由式(3.12)计算。

3. 夏季空调设计用室外计算干球温度

海域夏季空调设计用室外计算干球温度采用累年平均每年不保证 50 h 的干球温度。

按照累年室外实际出现的较高的干球温度高于夏季空调室外计算干球温度的时间，平均每年不超过 50 h 的原则确定。在统计的年份(n 年)中，将所有年份的逐时温度由大到小进行排序，选择第 $50n+1$ 个数值作为夏季空调室外计算干球温度，累年不保证 $50n$ h，即累年平均每年不保证 50 h。

4. 夏季空调设计用室外计算湿球温度

海域夏季空调设计用室外计算湿球温度采用式(3.2)～式(3.11)迭代计算获得。

5. 夏季空调设计用室外计算相对湿度

海域夏季空调设计用室外计算相对湿度采用式(3.12)计算获得。

6. 夏季空调设计用室外计算日平均温度

海域夏季空调设计用室外计算日平均温度，采用累年平均每年不保证 5 天的日平均温度。

夏季空调设计用室外计算日平均温度按照累年室外实际出现的较高的日平均温度高于夏季空调室外计算日平均温度的时间，平均每年不超过 5 天的原则确定。在用于统计的年份(n 年)中，将所有年份的日平均温度由大到小进行排序，选择第 $5n+1$ 个数值作为夏季空调室外计算日平均温度，累年不保证 $5n$ 天，即累年平均每年不保证 5 天。

3.2.3　通风设计气象参数

通风设计参数包括：

——海域冬季通风设计用室外计算温度；

——海域夏季通风设计用室外计算温度；

——海域夏季通风设计用室外计算相对湿度。

1. 冬季通风设计用室外计算温度

海域冬季通风设计用室外计算温度采用历年最冷月的月平均温度的平均值。

在用于统计的年份(n 年)中，分别挑选出每年最冷月的月平均温度，得到 n 个月平均温度，将 n 个月平均温度进行平均即为冬季通风室外计算温度。

2. 夏季通风设计用室外计算温度

海域夏季通风设计用室外计算温度采用历年最热月 14 时的平均温度的平均值。

历年最热月指历年逐月平均气温最高的月份。在所统计的年份(n 年)中，分别选出每年最热月，得到 n 个月，将 n 个月的逐日 14 时平均温度进行平均即为夏季通风室外计算温度。

3. 夏季通风设计用室外计算相对湿度

海域夏季通风设计用室外计算相对湿度采用式(3.12)进行计算。

各计算海域供暖、通风、空调设计气象参数统计法的计算结果见附录 C。

3.2.4　ASHRAE 设计气象参数

ASHRAE 出版了系列涉及气象参数的暖通空调法规、指南[2]，也可利用 ASHRAE 给出的气象参数计算方法来获得海域核动力工程的非安全级参数。

1. 月设计百分率

ASHRAE 月设计百分率包括 0.4%、2.0%、5.0%和 10%。月设计百分率以各月的温度数据为基础，计算相应的设计气象参数。

2. 年设计百分率

ASHRAE 给出了年设计百分率 0.4%、1.0%、2.0%(不保证率，夏季)和 99.6%、99%(保证率，冬季)方法。年设计百分率以累年温度数据为基础，进行相应的不保证率及保证率计算。

以国内南、北方深圳、长沙、西安及桂林四个城市的设计气象参数为例，对比夏季年不保证 50h 的干球温度、冬季年不保证 1 d 的日平均温度与美国 ASHRAE 年不保证 0.4%(或保证 99.6%)的温度数据，发现两者精度水平基本相当，最大绝对误差为 0.9℃。也就是说，本书给出的室外空气设计参数与 ASHRAE 设计参数的精度处于同一水平。表 3.1 分别给出了按不保证率或保证率、不保证小时数或天数两种计算方法获得的设计气象参数值。

表 3.1 两种计算方法获得的设计气象参数对比

城市	不保证小时数或天数计算方法	统计值	不保证率或保证率计算方法	统计值
深圳	冬季年不保证 1 d 的日平均温度	6.0℃	冬季年保证 99.6%的温度	6.9℃
	夏季年不保证 50 h 的干球温度	33.7℃	夏季年不保证 0.4%的温度	33.8℃
长沙	冬季年不保证 1 d 的日平均温度	−1.9℃	冬季年保证 99.6%的温度	−1.0℃
	夏季年不保证 50 h 的干球温度	35.8℃	夏季年不保证 0.4%的温度	36.0℃
西安	冬季年不保证 1 d 的日平均温度	−5.7℃	冬季年保证 99.6%的温度	−6.3℃
	夏季年不保证 50 h 的干球温度	35.0℃	夏季年不保证 0.4%的温度	35.9℃
桂林	冬季年不保证 1 d 的日平均温度	1.1℃	冬季年保证 99.6%的温度	1.3℃
	夏季年不保证 50 h 的干球温度	34.2℃	夏季年不保证 0.4%的温度	34.7℃

概括而言，ASHRAE 手册中气象参数的统计方法与我国室外计算参数的统计方法有所不同。本书采用的室外计算参数是按累年平均不保证小时数或天数的方法，而 ASHRAE 采用的是不保证率(保证率)法，该手册给出的设计气象参数为年设计参数和月设计参数。

作为对比，依据 ASHRAE 的年设计不保证率(保证率)法，给出了各计算海域的年设计不保证率(保证率)对应的设计温度，见表 3.2。

表 3.2 年设计不保证率(保证率)对应的设计温度(采用 ASHRAE 方法) (单位：℃)

计算海域	夏季不保证率			冬季保证率	
	0.4%	1%	2%	99.6%	99%
B1	31.33	29.94	27.44	−6.67	−5.15
Y1	28.76	27.55	26.43	−9.00	−6.95
Y2	34.54	33.15	31.84	−2.64	−1.43

计算海域	夏季不保证率			冬季保证率	
	0.4%	1%	2%	99.6%	99%
E1	32.11	31.00	29.99	−0.16	1.16
E2	30.92	29.95	29.12	0.62	1.68
E3	30.57	29.86	29.24	1.60	2.78
E4	32.78	32.20	31.75	10.77	11.83
E5	32.66	32.29	31.51	11.35	12.48
S1	33.00	32.22	31.61	8.24	9.63
S2	33.33	32.77	32.17	11.52	12.39
S3	34.37	33.75	33.27	20.91	21.65
S4	34.05	33.46	33.00	17.40	18.25
S5	32.76	32.36	32.04	20.84	21.58
S6	34.08	33.38	32.80	20.65	21.72
S7	34.54	33.76	33.16	23.78	24.61
S8	34.76	33.80	33.13	23.65	24.19
S9	32.78	32.22	31.92	22.53	23.39
S10	33.89	33.23	32.70	22.98	24.14

为进一步分析不保证小时(天数)方法和 ASHRAE 不保证率(保证率)方法获得的设计气象参数的差异程度,本小节给出了与非安全级设计气象参数对应的年设计累积不保证率(保证率)水平,包括供暖设计室外计算温度、冬季通风设计室外计算温度、冬季空调设计室外计算温度、夏季空调设计室外计算干球温度、夏季空调设计室外计算湿球温度、夏季通风设计室外计算温度,以及夏季空调设计室外计算日平均温度等,详见表 3.3。

本书采用了我国规范常用的不保证小时数或天数来确定各计算海域的设计气象参数。值得注意的是,由于各设计气象参数统计取值方法不同,意味着各设计气象参数的不保证率(保证率)是不同的。

表 3.3　非安全级设计气象参数对应的年设计累积不保证率(保证率)水平

计算海域	供暖设计室外计算温度/℃ 累年平均每年不保证5天	ASHRAE方法 保证率水平/%	冬季通风设计室外计算温度/℃ 历年最冷月平均温度的平均值	ASHRAE方法 保证率水平/%	冬季空调设计室外计算温度/℃ 累年平均每年不保证1天	ASHRAE方法 保证率水平/%	夏季空调设计室外计算干球温度/℃ 累年平均每年不保证50 h	ASHRAE方法 不保证率水平/%	夏季通风设计室外计算温度/℃ 历年最热月14时的平均温度的平均值	ASHRAE方法 不保证率水平/%	夏季空调设计室外计算日平均温度/℃ 累年平均每年不保证5天的日平均温度	ASHRAE方法 水平/%
B1	-4.52	98.60	-0.81	92.16	-7.06	99.70	30.56	0.69	27.02	4.30	27.94	2.90
Y1	-6.25	98.60	-1.66	91.05	-9.65	99.60	27.78	0.88	25.46	4.10	26.18	1.10
Y2	-0.14	98.10	3.78	91.60	-2.29	99.80	33.89	0.60	30.22	3.20	30.42	3.40
E1	1.79	98.50	5.74	90.90	-0.42	99.70	31.67	0.60	29.15	3.80	28.96	3.40
E2	2.08	98.40	5.79	89.50	0.42	99.80	30.00	0.94	28.09	4.40	28.4	2.50
E3	3.19	98.80	7.14	91.80	1.27	99.60	30.00	0.80	28.59	4.20	28.47	2.80
E4	12.69	98.50	16.00	89.50	11.23	99.30	32.22	0.95	31.01	5.60	30.07	6.10
E5	12.90	98.30	15.97	91.80	11.41	99.50	32.22	1.12	30.66	3.90	29.51	7.50
S1	10.76	98.20	15.15	90.90	8.08	99.70	32.22	1.00	30.64	4.10	29.51	7.20
S2	12.64	98.40	16.71	90.10	11.11	99.70	32.78	0.99	31.11	5.00	31.18	4.60
S3	22.11	98.90	23.86	92.80	21.18	99.80	33.89	0.74	32.24	5.90	31.25	9.60
S4	18.68	98.70	21.07	92.30	17.22	99.70	33.33	1.16	31.86	6.30	30.97	8.90
S5	22.11	98.90	23.85	92.60	20.89	99.50	32.22	0.01	31.18	6.50	30.63	7.50
S6	23.96	93.20	25.69	87.00	23.19	97.60	33.33	1.05	31.84	4.50	30.32	12.00
S7	25.14	97.90	26.72	85.60	24.00	99.60	33.89	0.83	32.12	7.50	30.97	10.10
S8	25.00	95.80	26.36	81.20	24.17	99.40	33.89	0.89	32.18	4.00	30.28	9.60
S9	24.52	95.80	25.60	86.70	23.73	98.60	32.22	1.00	30.83	5.10	30.19	6.20
S10	24.72	98.20	26.24	88.60	23.17	99.50	33.33	0.83	31.66	6.00	30.90	9.80

参 考 文 献

[1] BONSAL B R, ZHANG X, VINCENT L A, et al. Characteristics of daily and extreme temperatures over Canada[J]. Journal of Climate, 2001, 14(9): 1959-1976.

[2] ASHRAE. ASHRAE Handbook—Fundamentals[M]. Atlanta: ASHRAE Incorporated, 2017.

[3] 中华人民共和国住房和城乡建设部, 中华人民共和国国家质量监督检验检疫总局. 工业建筑供暖通风与空气调节设计规范: GB 50019—2015[S]. 北京: 中国计划工业出版社, 2015.

第4章 基于人工神经网络的海域工程HVAC 设计气象参数预测

第3章给出了我国环太平洋海域的室外设计气象参数确定方法。随着经济全球化的发展和"21世纪海上丝绸之路"倡议的实施,一些海洋工程或船舶的作业范围会遍及全球海洋水域,因此预测未知海域的设计气象数据有着重要的社会、经济及现实意义。几十年来,关于陆地已形成一套较为完备的设计气象参数,但关于辽阔海洋中的固定或"移动式"船舶(建筑)的暖通空调设计气象参数仍然匮乏。如何利用已知陆地HAVC设计气象数据预测未知海域的设计气象参数?本书引入人工神经网络预测方法,尝试根据已知设计气象参数预测未知设计气象参数。

气候学表明,纬度、经度、海拔、海洋度或大陆度(地形、下垫面性质等)是影响海洋和陆地气象参数的主要因素。

影响气象参数的主要地理要素如下:

(1) 南北纬度差异。纬度是影响气候的基本因素,不同纬度下太阳辐射及气象条件有较大差异。低纬度地区,太阳高度角较高,阳光通过大气层厚度较薄,太阳直射辐射强度较大;高纬度地区,太阳高度角较低,阳光通过大气层厚度较厚,太阳直射辐射强度减弱。利用地基辐射计测定太阳常数的基本方法有长法(long method)和短法(short method)。关于太阳常数测量的研究(2008年)给出与太阳光线垂直表面上的辐射强度为1360.8 W/m²[1],该值略微不同于1990年确定的1365.4 W/m²[2]及美国国家航空航天局1976年发布的1353 W/m²[3]。

(2) 海陆气候差异。不同气候区之间日较差、年较差、云量、气温等均有明显区别。海陆差异对气象的影响程度可以用反映海、陆、空之间热力交互作用的"海洋度"及"大陆度"来体现,以表征所处地点的海洋性或大陆性气候状况(详见4.3节)。

(3) 海拔差异。海拔对各地的气温具有显著影响(一般海拔越高,温度越低)。陆地海拔的差异显而易见。海水在重力作用下会往低处流,构成海洋平面。不同地理位置的重力受到地球引力、离心力和固体潮三种因素的影响,相同的物体位于地球不同地方时,所受重力并不相同,因此地球上不同区域的海洋水面高度不同，致使不同海域的海拔不同，这会涉及近海面观测点传感器高度布置问题。

(4) 海底地形差异。海底地形复杂多样，包含深海平原、海沟(深渊海底)、大洋中脊和海山等。海床的地势起伏决定洋流的运移状况，洋流运动形成的冷、暖流会对气候造成显著影响。

海洋气候与大陆气候有显著不同。概括而言，海洋气候全年气温变化较为和缓，夏、秋季来临较迟，春温低于秋温，冬暖夏凉，气温的年较差和日较差都小，最高和最低月平均气温出现的月份均迟于大陆气候。

本章主要阐述采用三种人工神经网络方法[BFGS 法、Levenberg-Marquardt (LM)法、极限学习机(extreme learning machine，ELM)法]，首先基于陆地的设计气象参数，结合纬度、经度、海拔及海洋度(大陆度)等影响因素，预测陆地273 个城市及环太平洋海域的 HVAC 设计气象参数，在此基础上，重点给出我国海域的设计气象参数预测值。

4.1　人工神经网络概述

人工神经网络是对人脑神经系统的简化、抽象与模拟，旨在模仿人脑结构机器功能的信息处理系统。20 世纪 40 年代，McCulloch 和 Pitts 受人脑中的神经元网络启发，提出了一种应用类似于大脑神经突触连接的结构进行信息处理的数学模型[4]。

图 4.1 为一种典型的人工神经网络结构，其中 $x = [x_0, x_1, \cdots, x_j, \cdots, x_n]$ 为一系列输入数据，y_i 为对应输出数据，$w = [w_{i0}, w_{i1}, \cdots, w_{in}]^{-1}$ 为连接权值，中间部分为激活函数，实现将输入转化为输出。人工神经网络模型计算分为两部分：一部分为加权和运算，每一个的输入变量与其对应的连接权值相乘然后将所有变量相加求和，即 $Z_i = xw = \sum_{j=1}^{n} w_{ij}x_j - \theta$ (i 为第 i 个输出变量序号，$j = 1, 2, \cdots, n$)；另一部分为激活函数的映射，经过函数计算即可得到 y_i，即 $y_i = f(Z_i) = f(xw)$。

激活函数为神经网络引入非线性因素，人工神经网络映射关系可以逼近非线性函数，激活函数可使人工神经网络应用于众多的非线性模型中，其表现力更加丰富。换言之，激活函数的作用就是将线性的输入"挤压"入一个拥有良好特性的非线性方程。常用的激活函数列于表 4.1[5]。

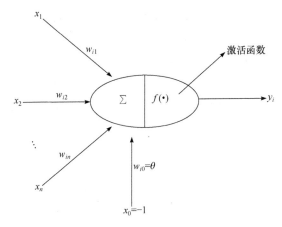

图 4.1　人工神经网络结构

表 4.1　常用激活函数

函数名	$f(x)$	$f'(x)$
线性函数	$f(x) = kx + c$	$f'(x) = k$
分段线性函数	$f(x) = \begin{cases} 0, & x \geqslant c \\ kx, & \lvert x \rvert < c \\ 1, & x \leqslant -c \end{cases}$	$f'(x) = \begin{cases} 0, & \text{其他} \\ k, & \lvert x \rvert < c \end{cases}$
阈值型变换函数	$f(x) = \begin{cases} 1, & x \geqslant c \\ 0, & x < c \end{cases}$	$f'(x) = 0$
S 型函数(Log-Sigmoid)	$f(x) = 1/(1 + e^{-x})$	$f'(x) = f(x)[1 - f(x)]$
双极 S 型函数(Tan-Sigmoid)	$f(x) = (e^x - e^{-x})/(e^x + e^{-x})$	$f'(x) = 1 - f(x)^2$

4.2　三种人工神经网络模型

基于探索分析，选择 BFGS、LM、ELM 三种人工神经网络模型——它们是在 BP 神经网络模型算法的基础上改进的神经网络算法，基于陆地已知设计气象参数，预测各未知海域的非安全级设计气象参数，并将预测结果与第 3 章统计法求得的统计值进行比较。下面分别对 BP 神经网络模型、BFGS 模型、LM 模型及 ELM 模型进行阐述。

1. BP 神经网络模型[5]

BP 算法是基于 Bryson 等[6]、Rumelhart 等[7]的研究逐渐发展成型的人工神经网络预测算法。BP 神经网络是一类多层前馈神经网络，BP 神经网络采用了误差反向传播的学习算法，属于梯度下降法。图 4.2 示出了梯度下降法的原理：对于实值函数 $F(x)$，如果 $F(x)$ 在某点 x_0 处有定义且可微，则函数在该点处沿着梯度相反的方向 $-\nabla F(x_0)$ 最快获得目标值。因此，使用梯度下降法时，宜首先计算函数在某点的梯度，再沿着梯度的反方向以一定的步长调整自变量的值。

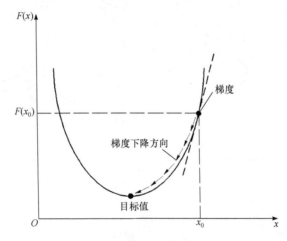

图 4.2　梯度下降法原理

　　BP 算法的学习过程由信号的正向传播与误差的反向传播组成。正向传播时，输入样本从输入层传入，经各隐含层逐层处理后，传向输出层。误差反传是将输出误差以某种形式通过隐含层向输入层逐层反传，并将误差分摊给各层的所有单元，从而获得各层单元的误差信号，该误差信号即作为修正各单元权值的依据。此过程一直进行到网络输出的误差减少到可接受的程度，或到预先设定的学习次数为止。

　　BP 神经网络为多层前向神经网络，包括输入层、隐含层和输出层。图 4.3 为单隐含层前向网络结构。BP 神经网络结构及其算法如下：

　　输入层对应输入向量：$\vec{x} = [x_1, \ x_2, \cdots, \ x_i, \cdots, \ x_n]$，$i = 1, 2, \cdots, \ n$。

　　输出层对应输出向量：$\vec{y} = [y_1, \ y_2, \cdots, \ y_k, \cdots, \ y_m]$，$k = 1, 2, \cdots, \ m$。

　　隐含层神经元的输出为：$\vec{h} = [h_1, \ h_2, \cdots, \ h_j, \cdots, \ h_l]$，$j = 1, 2, \cdots, \ l$。

　　设 w_{ij} 为输入层第 i 个神经元与隐含层第 j 个神经元之间的连接权重；b_j 为隐含层第 j 个神经元的偏置，则隐含层第 j 个神经元的输入为

$$Z_j = \sum_{i=1}^{n} w_{ij} x_i + b_j \tag{4.1}$$

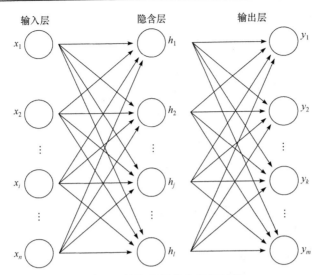

图 4.3 单隐含层前向网络结构

式中，Z_j——隐含层第 j 个神经元的输入；

x_i——第 i 个输入神经元；

b_j——隐含层第 j 个神经元的偏置。

隐含层第 j 个神经元的输出为

$$h_j = f\left(\sum_{i=1}^{n} w_{ij}x_i + b_j\right), \quad i = 1,2,\cdots,n \tag{4.2}$$

式中，h_j——隐含层第 j 个神经元的输出；

$f(\cdot)$——神经元的激活函数。

设 w_{jk} 为隐含层第 j 个神经元与输出层第 k 个神经元之间的连接权重；b_k 为输出层第 k 个神经元的偏置，那么输出层第 k 个神经元的输入为

$$Z_k = \sum_{j=1}^{l} w_{jk}h_j + b_k, \quad j = 1,2,\cdots,l \tag{4.3}$$

式中，Z_k——输出层第 k 个神经元的输入；

b_k——输出层第 k 个神经元的偏置。

输出层第 k 个神经元的输出为

$$y_k = f\left(\sum_{j=1}^{l} w_{jk}h_j + b_k\right), \quad j = 1,2,\cdots,l \tag{4.4}$$

式中，y_k——输出层第 k 个神经元的预测值。

定义误差函数为

$$E = \frac{1}{2}\sum_{k=1}^{m}(d_k - y_k)^2 \tag{4.5}$$

式中，d_k——输出层第 k 个神经元真值。

BP 算法每迭代一次，则按照下述方式对权值和阈值进行更新：

$$w = w - \alpha\frac{\partial E}{\partial w} = w - \Delta w \tag{4.6}$$

$$b = b - \alpha\frac{\partial E}{\partial b} = b - \Delta b \tag{4.7}$$

式中，α——学习率，取值范围为 $(0,1)$；

　　　Δw——权值调整量；

　　　Δb——偏置值调整量。

可以看出，BP 算法的关键在于如何求解 Δw 和 Δb。

下面以隐含层与输出层权值、偏置的偏导数更新方法为例，介绍权值和偏置的更新计算过程。对于单个训练样本，隐含层与输出层的权值偏导数计算过程如下：

$$\frac{\partial E}{\partial w_{jk}} = \frac{\partial}{\partial w_{jk}}\left[\frac{1}{2}\sum_{k=1}^{m}(d_k - y_k)^2\right] = \sum_{k=1}^{m}(d_k - y_k)\left(-\frac{\partial y_k}{\partial w_{jk}}\right) = -\sum_{k=1}^{m}(d_k - y_k)f'(Z_k)h_j \tag{4.8}$$

令

$$-\sum_{k=1}^{m}(d_k - y_k)f'(Z_k) = e_k$$

则

$$\frac{\partial E}{\partial w_{jk}} = e_k h_j \tag{4.9}$$

权值更新公式为

$$w_{jk} = w_{jk} + e_k h_j \tag{4.10}$$

对于单个训练样本，隐含层与输出层的偏置偏导数计算过程如下：

$$\frac{\partial E}{\partial b_k} = \frac{\partial}{\partial b_k}\left[\frac{1}{2}\sum_{k=1}^{m}(d_k - y_k)^2\right] = \sum_{k=1}^{m}(d_k - y_k)\left(-\frac{\partial y_k}{\partial b_k}\right) = -\sum_{k=1}^{m}(d_k - y_k)f'(Z_k) \tag{4.11}$$

则

$$\frac{\partial E}{\partial b_k} = e_k \tag{4.12}$$

因此，偏置更新公式为

$$b_{jk} = b_{jk} + e_k \qquad\qquad (4.13)$$

BP 神经网络训练过程中按上述方法对其余层的权重和阈值进行调整，直到达到满足要求为止。

研究表明，BP 神经网络具有实现复杂非线性映射的能力，特别适合求解内部机制复杂的问题。在人工神经网络的实际应用中，大部分使用的是 BP 神经网络。然而，BP 神经网络也存在一些局限性[8]。

(1) 需要的参数较多，且缺乏有效的参数选择方法。

确定一个 BP 神经网络需要知道网络的层数、每一层神经元个数和权值。网络的权值是依据训练样本和学习率经过学习得到的。若隐含层神经元的个数太多，会引起过度学习；若神经元太少，又会导致欠学习。如果学习率过大，易导致学习不稳；学习率过小，又将延长训练时间。这些参数的合理赋值亦受具体问题的羁绊，目前为止，往往根据经验给出一个粗略的范围，尚缺乏简单有效的确定方法，导致算法存在不稳定性。

(2) 容易陷入局部最优。

BP 算法理论上可以实现非线性映射，但在实际应用中，也可能经常陷入局部最小值中。此时，可以通过改变初值，以及多次运行的方式，获得全局最优值。也可以改变算法，加入动量或其他方法，使连接权值以一定概率跳出局部最优值点。

(3) 样本依赖性。

网络模型的逼近和推广能力与学习样本的典型性密切相关，选取典型样本是一个较为困难的问题，算法的最终效果与样本有一定的关联性，这一点在人工神经网络体现尤为明显。如果样本集合代表性差、矛盾样本多、存在冗余样本，网络难以达到预期的性能。

(4) 初始权重敏感性训练的第一步是给出一个随机的初始权重，由于权重是随机给定的，BP 神经网络往往具有不可重现性。

针对以上问题，采用数值优化后的 BP 神经网络——BFGS、LM，通过陆地已知的设计气象参数预测海域未知的设计气象参数。

2. BFGS 模型

BFGS 法是为了克服梯度下降法收敛较慢及牛顿法计算复杂而提出的一种算法。BFGS 法是典型的拟牛顿法[8-9]。

牛顿法是一种实现快速优化的计算方法，与梯度下降法不同，数值优化算法除了利用目标函数的一阶导数信息，还利用了目标函数的二阶导数信息，其基本形式为：第一次迭代的搜索方向确定为负梯度方向，即搜索初始方向 $S(x_0) = -\nabla f(x_0)$，以后各次迭代的搜索方向由式(4.14)确定。

$$S(x^{(k)}) = -(H^{(k)})^{-1}\nabla f(x^{(k)}) \tag{4.14}$$

$$x^{(k+1)} = x^{(k)} - \eta^{(k)}S(x^{(k)}) = x^{(k)} - \eta^{(k)}(H^{(k)})^{-1}\nabla f(x^{(k)}) \tag{4.15}$$

式中，$x^{(k)}$——网络所有权值和阈值组成的向量；

$f(x^{(k)})$——目标函数；

$S(x^{(k)})$——搜索方向；

$\eta^{(k)}$——在 $S(x^{(k)})$ 方向上，使 $f(x^{(k)})$ 达到极小的步长。

$H^{(k)}$——海森 (Hessian) 矩阵(二阶导数矩阵)，包含了目标函数的导数信息，对二元可微函数 $f(x)$，其 Hessian 矩阵 H 为

$$H = \begin{bmatrix} \dfrac{\partial^2 f}{\partial x^2} & \dfrac{\partial^2 f}{\partial x \partial y} \\[2mm] \dfrac{\partial^2 f}{\partial y \partial x} & \dfrac{\partial^2 f}{\partial y^2} \end{bmatrix}$$

BFGS 法中，除了第一次迭代外，对应式(4.14)和式(4.15)，其余每一次迭代中均采用式(4.16)来逼近 Hessian 矩阵，即

$$H^{(k)} = H^{(k-1)} + \frac{\nabla f(x^{(k-1)}) \times \nabla f(x^{(k-1)})^{\mathrm{T}}}{\nabla f(x^{(k-1)})^{\mathrm{T}} \times S(x^{(k-1)})} + \frac{A \times A^{\mathrm{T}}}{A^{\mathrm{T}}\eta^{(k-1)}S(x^{(k-1)})} \tag{4.16}$$

式中，$A = \nabla f(x^{(k)}) - \nabla f(x^{(k-1)})$；

A^{T}——A 的转置矩阵。

BFGS 模型预测海域未知气象参数时，采用的激活函数为 S 型函数(sigmoid function)。

3. LM 模型

LM 法是梯度下降法和牛顿法的有机结合[8-9]。梯度下降法在最初开始几步下降较快，但随着接近于最佳值，梯度趋近于 0，使得目标函数下降缓慢；而牛顿法可以在最佳值附近产生一个理想的搜索方向。LM 法的搜索方向为

$$S(x^{(k)}) = -(H^{(k)} + \lambda^{(k)}I)^{-1}\nabla f(x^{(k)}) \tag{4.17}$$

令 $\lambda^{(k)} = 1$，则 $x^{(k+1)} = x^{(k)} + S(x^{(k)})$。

起始时，可假定 λ 为一个较大的数，此时相当于步长很小的梯度下降法；随着趋近于最优点，λ 减小到零，则 $S(x^{(k)})$ 从负梯度方向转向牛顿法方向。通常，

当 $f(x^{(k+1)}) < f(x^{(k)})$ 时，减小 λ（如 $\lambda^{(k+1)} = 0.5\lambda^{(k)}$）；否则增大 λ（如 $\lambda^{(k+1)} = 2\lambda^{(k)}$）。

从式(4.17)可以看出该方法仍然需要 Hessian 矩阵。由于在训练 BP 神经网络时，目标函数常常具有平方和的形式，则 Hessian 矩阵可以通过雅可比矩阵进行近似计算：

$$H = J^{\mathrm{T}}J \tag{4.18}$$

式中，J 为雅可比矩阵，是一阶导数以一定方式排列的矩阵；J^{T} 为其转置矩阵。假设 F：$R_n \rightarrow R_m$ 是一个从欧式 n 维空间转换到 m 维空间的函数。这个函数由 m 个实函数组成：$y_1(x_1,\cdots,x_n),\cdots,y_m(x_1,\cdots,x_n)$，这些函数的偏导数可以组成一个 m 行 n 列的雅可比矩阵 J：

$$J = \begin{bmatrix} \dfrac{\partial y_1}{\partial x_1} & \cdots & \dfrac{\partial y_1}{\partial x_n} \\ \vdots & & \vdots \\ \dfrac{\partial y_m}{\partial x_1} & \cdots & \dfrac{\partial y_m}{\partial x_n} \end{bmatrix}$$

雅可比矩阵包含网络误差对权值和阈值的一阶导数，通过标准的反向传播计算，雅可比矩阵要比计算 Hessian 矩阵相对容易。

LM 模型预测未知海域气象参数时，采用的激活函数为 S 型函数。

4. ELM 模型

ELM 法是一种求解单隐含层前馈神经网络算法模型。传统的前馈神经网络(如 BP 神经网络)需要人为设置较多的网络训练参数，而此模型只需要设定网络的结构，一般不需设置其他参数，具有简单易用的特点。其输入层到隐藏层的权值是一次随机确定的，算法执行过程中不再需要调整，而隐藏层到输出层的权值需解一个线性方程组来确定，因此可以提升计算速度[10-11]。

ELM 神经网络结构见图 4.4。从 ELM 神经网络结构图可以看出，ELM 神经网络模型结构和 BP 神经网络模型结构区别性较小，主要体现在训练算法上的不同上。

图 4.4 所示的 ELM 神经网络结构中输入层神经元个数为 n，隐含层神经元个数为 l，输出层神经元个数为 m。

输入层对应输入向量：$\vec{x} = [x_1,\ x_2,\cdots,\ x_i,\cdots,\ x_n]$，$i=1,2,\cdots,n$。

输出层对应输出向量：$\vec{y} = [y_1,\ y_2,\cdots,\ y_k,\cdots,\ y_m]$，$k=1,2,\cdots,m$。

隐含层神经元的输出为：$\vec{m} = [m_1,\ m_2,\cdots,\ m_j,\cdots,\ m_l]$，$j=1,2,\cdots,l$。

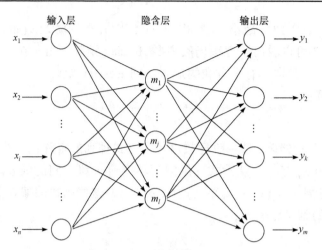

图 4.4 ELM 神经网络结构

输入层与隐含层之间的连接权值为

$$w = \begin{bmatrix} w_{11} & w_{12} \ldots w_{1n} \\ w_{21} & w_{22} \ldots w_{2n} \\ \vdots & \vdots \quad \vdots \\ w_{l1} & w_{l2} \ldots w_{ln} \end{bmatrix}_{l \times n} \tag{4.19}$$

隐含层与输出层之间的连接权值为

$$v = \begin{bmatrix} v_{11} & v_{12} \ldots v_{1m} \\ v_{21} & v_{22} \ldots v_{2m} \\ \vdots & \vdots \quad \vdots \\ v_{l1} & v_{l2} \ldots v_{lm} \end{bmatrix}_{l \times m} \tag{4.20}$$

隐含层的阈值为

$$b = \begin{bmatrix} b_1 \\ b_2 \\ \vdots \\ b_l \end{bmatrix}_{l \times 1} \tag{4.21}$$

设训练集样本个数为 q，则输入矩阵 X 为

$$X = \begin{bmatrix} x_{11} & x_{12} \ldots x_{1q} \\ x_{21} & x_{22} \ldots x_{2q} \\ \vdots & \vdots \quad \vdots \\ x_{n1} & x_{n2} \ldots x_{nq} \end{bmatrix}_{n \times q} \tag{4.22}$$

设训练集输出矩阵为 Y

$$
Y = \begin{bmatrix} y_{11} & y_{12} \cdots y_{1q} \\ y_{21} & y_{22} \cdots y_{2q} \\ \vdots & \vdots \quad\ \vdots \\ y_{m1} & y_{m2} \cdots y_{mq} \end{bmatrix}_{m \times q}
\tag{4.23}
$$

则神经网络的预测值 H 为

$$
H = [\vec{h}_1, \vec{h}_2, \cdots, \vec{h}_q]_{m \times q}, \quad \vec{h}_j = \begin{bmatrix} h_{1j} \\ h_{2j} \\ \vdots \\ h_{mj} \end{bmatrix}_{m \times 1} = \begin{bmatrix} \sum_{i=1}^{l} v_{i1} g(\vec{w}_i \vec{x}_j + b_i) \\ \sum_{i=1}^{l} v_{i2} g(\vec{w}_i \vec{x}_j + b_i) \\ \vdots \\ \sum_{i=1}^{l} v_{im} g(\vec{w}_i \vec{x}_j + b_i) \end{bmatrix}_{m \times 1}, \quad j = 1, 2, \cdots, q
\tag{4.24}
$$

式中，$g(x)$ ——激活函数；

　　$\vec{x}_j$ ——$= [x_{1j}, x_{2j}, \cdots, x_{mj}]^{\mathrm{T}}$；

　　$\vec{w}_i$ ——$= [w_{i1}, w_{i2}, \cdots, w_{im}]$。

　　式(4.24)可简化为

$$
Gv = H^{\mathrm{T}}
\tag{4.25}
$$

式中，H ——神经网络输出矩阵，即预测值；

　　G ——隐含层的输出矩阵。

$$
G(\vec{w}_1, \vec{w}_2, \cdots, \vec{w}_l, b_1, b_2, \cdots, b_l, \vec{x}_1, \vec{x}_2, \cdots, \vec{x}_q)
$$
$$
= \begin{bmatrix} g(\vec{w}_1 \cdot \vec{x}_1 + b_1) & g(\vec{w}_2 \cdot \vec{x}_1 + b_2) \cdots g(\vec{w}_l \cdot \vec{x}_1 + b_l) \\ g(\vec{w}_1 \cdot \vec{x}_2 + b_1) & g(\vec{w}_2 \cdot \vec{x}_2 + b_2) \cdots g(\vec{w}_l \cdot \vec{x}_2 + b_l) \\ \vdots & \vdots \qquad\qquad \vdots \\ g(\vec{w}_1 \cdot \vec{x}_q + b_1) & g(\vec{w}_2 \cdot \vec{x}_q + b_2) \cdots g(\vec{w}_l \cdot \vec{x}_q + b_l) \end{bmatrix}_{q \times l}
$$

ELM 模型预测未知海域气象参数时，采用的激活函数为自定义函数[11]。

4.3　基于人工神经网络的参数构成

　　以已知陆地设计气象参数为基础，建立基于人工神经网络的设计气象参数预测模型时，应首先确定模型的输入变量。影响设计气象参数的地理信息因素较多，从大量的影响因素中选择出对期望输出影响较大的经度、纬度、海拔、大陆度四种参数，组成一个有效输入变量集。

模型训练中，取输入参数为经度、纬度、海拔、大陆度。输出参数即为对应地点所要计算的环太平洋海域 HVAC 设计参数，各人工神经网络模型的结构相同，如图 4.5 所示。

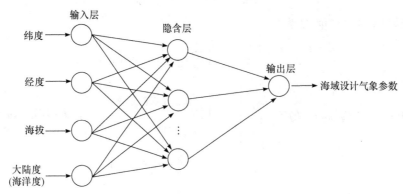

图 4.5　环太平洋海域 HVAC 设计气象参数的人工神经网络模型结构

1. 输入参数向量

下面分析影响预测气象参数的主要因素[12]。

(1) 太阳光线的直射范围在南北纬 23°7′之间变化，导致太阳辐射强度随纬度而有所不同。概括而言，我国从海洋到大陆，从南至北横跨 50 个纬度(北纬 4°～53°)，如此之大的纬度差异造成了气象条件的较大差异。

(2) 海陆气候区日较差、年较差、云量、气温等各种参数均有明显差别。海洋度及大陆度体现了海陆差对气象的影响程度，可用其表征所处地点大陆性或海洋性气候状况。

(3) 地势高差也会对气候产生直接影响，相同纬度、不同地势高差地区的年平均温差可达 30℃。

(4) 地形类型对气候因子有重要影响。例如，巍峨的秦岭山脉成为我国南北气候——暖温带和亚热带气候分界线。

综合以上分析，室外气象参数输入层向量因子为：经度、纬度、大陆度、海拔。若任一地点给定，其经度、纬度及海拔随即确定，大陆度可由年较差给出。对于人工神经网络训练模型，一俟输入经度、纬度、海拔、大陆度等参数，并选择激活函数，模型的输出参数即为海域 HVAC 设计气象参数。

需要指出，纬度、经度、海拔等数据在相关国家标准如 GB 50019—2015

中均已给出。大陆度则需通过以下方法计算确定。

2. 大陆度及其计算方法

1) 气候大陆度(海洋度)

气候大陆度是海陆间热力交互作用的标志，是当地气候受大陆影响的程度(与之相对的是受海洋影响的海洋度)[13]。既能表明当地气候受大陆影响的程度，又能表明其受海洋影响的程度(即为海洋度)。这里特别强调一下，气候大陆度和地理大陆度是两个不同的术语。地理大陆度通常是指在某一纬度带或某一地带陆地面积所占的成数，取决于海陆面积的相对比较值。气候大陆度则不同，表征了复杂的气候因子，不仅取决于海陆面积的大小，还取决于地理位置、地势、海拔、大气环流及洋流等因子。换言之，不同的气候因素下，对应着不同的气候大陆度。

同一纬度地区，下垫面性质不同，其太阳辐射平衡值也存在差异。一方面，对于陆地和海洋，无论是在热力性质，还是热量平衡等方面均有较大差异，因此陆地和海洋的气候大陆度会有所差别。另一方面，若两个地点下垫面性质相同，而纬度不同，则对应的大陆度也会有所不同，甚至会由于纬度的差异而使两地大陆度相差较大。

综上所述，气候大陆度(海洋度)客观上反映了海洋和大陆之间的热力差异状况。《工业建筑供暖通风与空气调节设计规范》(GB 50019—2015)等给出了陆地气象数据，为人工神经网络训练的模型预测未知海域的 HVAC 设计气象参数提供了基础条件。

2) 气候大陆度计算方法

测定气候大陆度的方法较多，按气象因子及其计算原理主要分为四种方法：温度法、纬度圈距平法、气团法及综合法。统而言之，纬度圈距平法[1]、气团法及综合法计算用的长期原始观测气象数据较难获取。以纬度圈距平法为例，通过使用当地气象要素值与其所在纬度圈平均值的距平来计算气候大陆度，包括气温年振幅(年较差)距平和温度距平两类数据，在实践中较难取得。相比之下，采用温度法计算大陆度的观测研究数据较为丰富，究其原因，主要有以下几点：

(1) 温度较易观测，且记录长久，准确性较大，同时温度对人类活动来说

---

1) 距平是某一系列数值中的某一个数值与平均值的差，分正距平和负距平。在气象学上，距平值主要用来确定某个时段或时次的数据，相对于该数据的某个长期平均值(如 30 年平均值)是高还是低，偏离平均值的大小。

也相对最为重要；

(2) 温度尤其是年较差，最能反映海陆的影响；

(3) 较多气象要素本身与温度变化有密切关系。

鉴于此，本书基于 NOAA 获取的气象数据，采用了温度法计算大陆度值。

关于大陆度的计算方法主要有 Zenker 公式、Schrepfer 公式、Gorczyński 公式及 Conrad 公式等。

(1) Zenker 公式[14]。

关于温度法的计算公式，历史悠久且应用较为方便的是 Zenker 公式。Zenker 提出了以相对变幅 $\dfrac{A}{\varphi}$ 为计算基础的公式，即

$$K = \frac{6}{5}\frac{A}{\varphi} - 20 \tag{4.26}$$

式中，K——大陆度，%；

A——气温年较差，℃；

φ——纬度，(°)。

Zenker 提出以 $\dfrac{A}{\varphi}$ 来测定气候大陆度，从而消除纬度的影响。需要指出的是，这种消除纬度的方法是一种基于经验的方法，尚缺乏科学的理论依据。

(2) Schrepfer 公式[15]。

$$K = \frac{8}{7}\frac{A}{\varphi}100 - 14 \tag{4.27}$$

式(4.27)和式(4.26)基本上没有差别，其推导原理完全一样，不同的是 Schrepfer 公式求得的最大海洋性相对变幅是最大大陆性区的 12.3%。

(3) Gorczyński 公式[16]。

$$K = 1.7\frac{A}{\sin\varphi} - 20.4 \tag{4.28}$$

式(4.28)同样利用了年较差来表示大陆度，但是消除纬度因子的方法跟 Zenker 公式有所不同。

上述三个公式，由于分母中均含有 φ 或者 $\sin\varphi$，在赤道附近不能应用。在北纬 10°～南纬 10°，它们是无效的。为避免这一缺陷，Zenker 把 $\varphi < 10°$ 均以 10° 计算。

(4) Conrad 公式[17]。

$$K = 1.7\frac{A}{\sin(\varphi + 10°)} - 14 \tag{4.29}$$

式(4.29)是将 Gorczyński 公式推广于赤道带内的一种修正公式。Conrad 利用 Gorczyński 公式计算了北纬 12°～南纬 12°纬度带内多个地点的大陆度值，并绘出了该纬度带内的 φ-K 分布圆。从分布圆曲线图可以看出，从纬度 10°向赤道变化，K 值显著增大；从纬度 10°向地球两极增大时，K 值趋向正常。根据这一事实，在 Gorczyński 公式中的纬度因子增加了 10°，这样，对赤道来说，该式就是有效的了。

前面提及的气温年较差 A 是指一年中月平均气温的最高值与最低值之差，即

$$A = T_{\mathrm{MAX}} - T_{\mathrm{MIN}} \tag{4.30}$$

式中，T_{MAX}——一年中月平均气温最高值，℃；

T_{MIN}——一年中月平均气温最低值，℃。

气温年较差的大小与纬度、海陆分布特性等有关，同一纬度的海洋和陆地的气温年较差是不同的。当温度数据具备多年的观测数据时，可将历年气温年较差取平均值得到其气温年较差。本书中 18 个计算海域的气温年较差即为通过该方法获得。

陆地区域的气温年较差数据主要引自气候资源数据库 累年各月平均气温及年较差[18]数据集，气象数据集统计时间是 1951～1980 年，故将其作为生成大陆度的基础数据。

由式(4.26)～式(4.29)可获得 18 个计算海域的大陆度，并基于各计算海域的大陆度与纬度(年较差)，绘制出大陆度-纬度曲线图，见图 4.6。

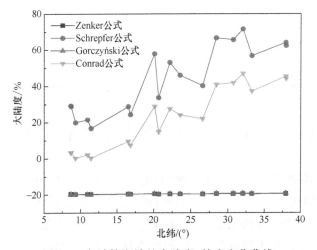

图 4.6　各计算海域的大陆度-纬度变化曲线

由 Schrepfer 公式与 Conrad 公式等计算得到的大陆度可分别作为神经网络的输入向量数据，进而预测 18 个计算海域的室外设计气象参数。预测结果表明，输入 Conrad 公式计算的大陆度比输入 Schrepfer 等公式计算的大陆度预测结果更准确。综合分析各种情况，本书推荐采用 Conrad 公式计算大陆度，即

$$K = 1.7\frac{A}{\sin(\varphi+10°)} - 14。$$

我国环太平洋各计算海域的气温年较差 A 和大陆度 K 见表 4.2。

表 4.2　我国环太平洋各计算海域气温年较差 A 和大陆度 K

序号	海域名称	海拔/m	北纬/(°)	东经/(°)	气温年较差 A/℃	大陆度 K/%
1	B1	40.00	37.93	120.72	25.91	45.34
2	Y1	145.50	37.97	124.63	25.37	44.06
3	Y2	10.00	32.07	121.60	24.00	46.90
4	E1	81.00	30.73	122.45	21.43	41.83
5	E2	71.90	33.29	126.16	20.64	37.16
6	E3	84.00	28.45	121.88	20.08	40.90
7	E4	7.10	26.60	127.97	12.62	21.98
8	E5	31.40	23.57	119.63	12.38	24.07
9	S1	79.00	22.20	114.02	13.03	27.57
10	S2	56.00	20.13	107.72	12.66	28.86
11	S3	5.00	16.53	111.62	6.18	9.52
12	S4	6.00	20.67	116.72	8.62	14.74
13	S5	5.00	16.83	112.33	5.65	7.27
14	S6	5.00	10.93	108.10	3.39	2.15
15	S7	5.00	11.42	114.33	3.06	0.26
16	S8	24.00	9.28	103.47	2.75	0.17
17	S9	9.00	8.68	106.60	3.26	3.30
18	S10	3.00	8.65	111.92	3.27	3.38

4.4　计算海域设计气象参数人工神经网络预测结果

人工神经网络样本数据输入、输出向量，以及训练集(training set)、测试集(test set)中各城市设计气象数据主要来自《工业建筑供暖通风与空气调节设计规范》。分别采用 BFGS 法、LM 法、ELM 法对设计气象参数和关键信息要素(纬度、经度、海拔以及大陆度等)之间的内在联系进行分析。人工神经网络的预测流程，见图 4.7。

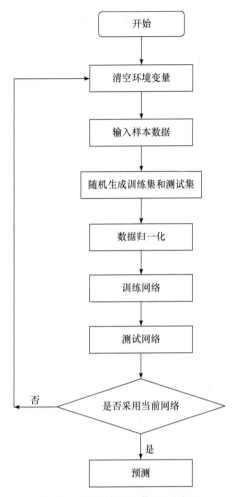

图 4.7　人工神经网络预测流程

　　首先，基于陆地设计气象参数，利用 3 种人工神经网络模型预测及分析陆地 273 个城市的 HVAC 设计气象参数[其中 200 个城市的样本数据(约占城市总数的 73%)作为训练集，余者为样本数据的测试集，训练集和测试集的数据均随机选择]。本书给出了以北京为代表的陆地城市的设计气象参数预测结果。本书理论研究的目的旨在获取海上小型堆暖通空调设计气象参数，因此重点预测了我国海域的设计气象参数，并将各计算海域的预测值与统计值进行对比。

　　纬度、经度、海拔、大陆度四种变量作为神经网络的输入变量，为已知数据。各城市的大陆度按照 Conrad 公式进行求解，确定大陆度所用的年较差数据为气候资源数据库　累年各月平均气温及年较差的各城市年较差数据。利用人工神经网络预测前，首先对训练集数据和测试集数据进行归一化处理，以提高预测精度。

考虑到训练集应涵盖较多的样本数据，测试集应具有较好的代表性，选择《工业建筑供暖通风与空气调节设计规范》中 200 个城市的样本数据(约占城市总数的 73%)作为训练集，其余 73 个城市(约占城市总数的 27%)的样本数据作为测试集，训练集和测试集的数据均随机选择。

输入变量样本数据集表达矩阵，见式(4.31)：

$$\begin{bmatrix} A_1 & B_1 & C_1 & D_1 \\ A_2 & B_2 & C_2 & D_2 \\ \vdots & \vdots & \vdots & \vdots \\ A_q & B_q & C_q & D_q \end{bmatrix}_{q \times 4} \tag{4.31}$$

式中，A——海拔，m；

B——北纬，(°)；

C——东经，(°)；

D——大陆度，%；

q——样本数据集个数(样本总数量 273)。

输出变量样本数据集表达矩阵，见式(4.32)：

$$\begin{bmatrix} Y_1 \\ Y_2 \\ \vdots \\ Y_q \end{bmatrix}_{q \times 4} \tag{4.32}$$

式中，Y——各设计气象参数预测值。

通过计算测试集的误差来衡量神经网络模型的优劣，误差计算有多种方法，本书采用两个指标——标准差(standard deviation，SD)及决定系数(coefficient of determination，R^2)。

(1) 标准差。

$$SD = \sqrt{\frac{1}{n}\sum_{i=1}^{n}(\hat{y}_i - \overline{y}_i)^2} \tag{4.33}$$

式中，SD——标准差，℃；

n——样本个数；

$\hat{y}_i$——气温预测值，℃；

$\overline{y}_i$——气温预测值的平均值，℃，$\dfrac{1}{n}\displaystyle\sum_{i=1}^{n}\hat{y}_i$。

(2) 决定系数。

$$R^2 = 1 - \frac{\text{SSE}}{\text{SST}} \tag{4.34}$$

式中，R^2——决定系数；

SSE——残差平方和，℃，$\displaystyle\sum_{i=1}^{n}(y_i - \hat{y}_i)^2$；

SST——总离差平方和，℃，$\displaystyle\sum_{i=1}^{n}(y_i - \overline{y})^2$，$\overline{y} = \dfrac{1}{n}\displaystyle\sum_{i=1}^{n}y_i$。

基于机器学习(machine learning)的各种算法，从大量已知的陆地城市设计气象数据中挖掘其隐含的内在联系，对若干陆地城市的设计气象参数进行预测，为实现未知海域设计气象参数的预测奠定基础。

分析表明，预测参数的随机误差近似服从正态分布。p 为预测次数，确定样本量的公式如下：

$$p = \frac{(z_{\alpha/2})^2 \text{SD}^2}{\varepsilon^2} \tag{4.35}$$

式中，SD——样本总体的标准差，℃；

ε——用户给定置信水平下可以接受的估计误差，℃；

$z_{\alpha/2}$——服从正态分布随机变量的上 $\alpha/2$ 分位点。

在预测值中，p 取 20 次，满足估计误差需求。

下面以北京为例，BFGS、LM、ELM 三种人工神经网络模型对北京地区设计气象参数的预测结果见图 4.8～图 4.13。图中纵坐标 Y 代表温度预测值，横坐标 p 表示预测次数。

以上给出了预测陆地设计气象参数的典型示例，下面重点介绍采用 BFGS、LM、ELM 三种人工神经网络模型预测环太平洋各计算海域(划分为 18 个计算海域)非安全级设计气象参数。

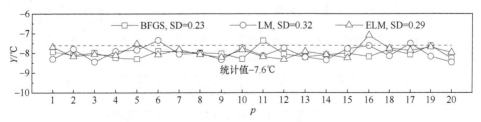

图 4.8　北京冬季供暖室外计算温度预测结果

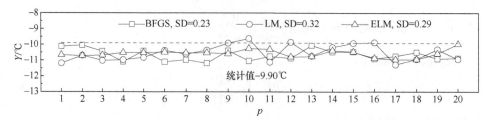

图 4.9 北京冬季空调室外计算温度预测结果

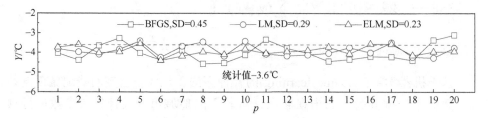

图 4.10 北京冬季通风室外计算温度预测结果

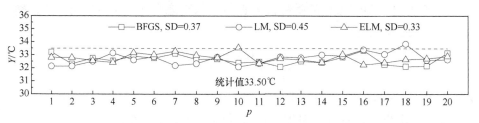

图 4.11 北京夏季空调室外计算干球温度预测结果

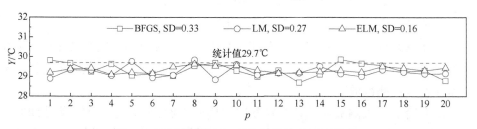

图 4.12 北京夏季通风室外计算温度预测结果

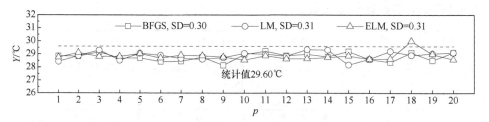

图 4.13 北京夏季空调室外计算日平均温度预测结果

注意，由于"黑潮"[1]的影响，计算海域 E2、E4 预测结果存在异常现象，统计值与预测值的绝对偏差在 1～3℃。

各计算海域冬季供暖室外计算温度预测结果，见图 4.14～图 4.24。除了受"黑潮"影响的区域 E2、E4 外，其余计算海域预测值的标准差在 0.11～0.61。

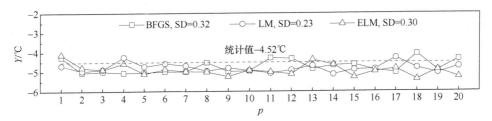

图 4.14　计算海域 B1 的冬季供暖室外计算温度预测结果(非安全级参数)

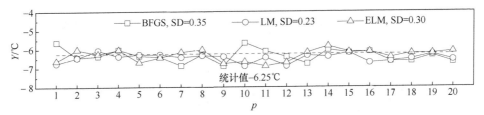

图 4.15　计算海域 Y1 的冬季供暖室外计算温度预测结果(非安全级参数)

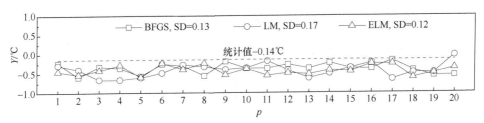

图 4.16　计算海域 Y2 的冬季供暖室外计算温度预测结果(非安全级参数)

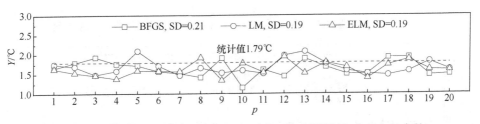

图 4.17　计算海域 E1 的冬季供暖室外计算温度预测结果(非安全级参数)

---

1)　"黑潮"又称日本暖流，是太平洋洋流的一环，为全球第二大洋流，北太平洋西部流势最强的暖流，为北赤道暖流在菲律宾群岛东岸向北转向而成。水面温度夏季可达 29℃，冬季 20℃，向北递减至北纬 40°。

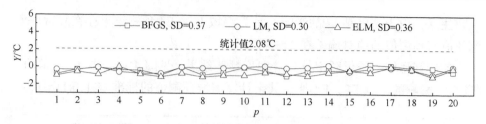

图 4.18　计算海域 E2 的冬季供暖室外计算温度预测结果(非安全级参数)(位于"黑潮"影响区)

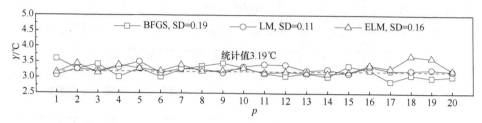

图 4.19　计算海域 E3 的冬季供暖室外计算温度预测结果(非安全级参数)

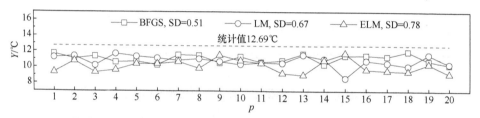

图 4.20　计算海域 E4 的冬季供暖室外计算温度预测结果(非安全级参数)(位于"黑潮"影响区)

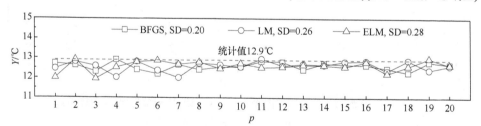

图 4.21　计算海域 E5 的冬季供暖室外计算温度预测结果(非安全级参数)

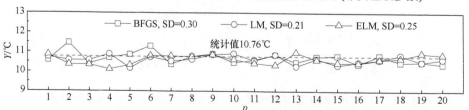

图 4.22　计算海域 S1 的冬季供暖室外计算温度预测结果(非安全级参数)

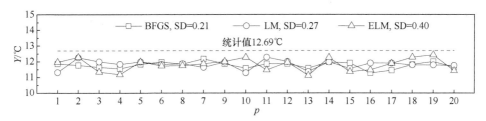

图 4.23 计算海域 S2 的冬季供暖室外计算温度预测结果(非安全级参数)

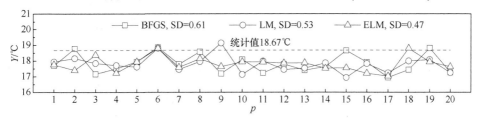

图 4.24 计算海域 S4 的冬季供暖室外计算温度预测结果(非安全级参数)

各计算海域冬季空调室外计算温度预测结果见图 4.25～图 4.35。除了受"黑潮"影响的区域 E2、E4 外，其余计算海域预测值的标准差在 0.15～0.64。

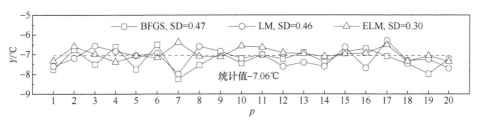

图 4.25 计算海域 B1 的冬季空调室外计算温度预测结果(非安全级参数)

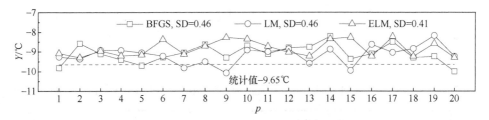

图 4.26 计算海域 Y1 的冬季空调室外计算温度预测结果(非安全级参数)

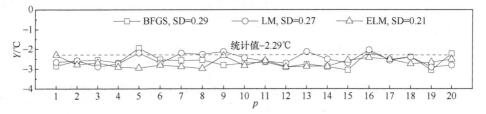

图 4.27 计算海域 Y2 的冬季空调室外计算温度预测结果(非安全级参数)

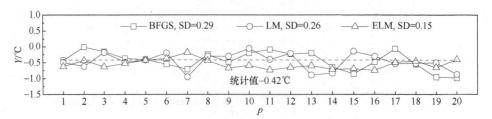

图 4.28　计算海域 E1 的冬季空调室外计算温度预测结果(非安全级参数)

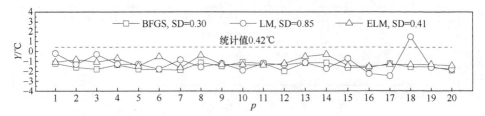

图 4.29　计算海域 E2 的冬季空调室外计算温度预测结果(非安全级参数)(位于"黑潮"影响区)

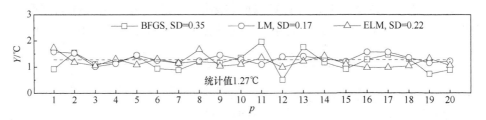

图 4.30　计算海域 E3 的冬季空调室外计算温度预测结果(非安全级参数)

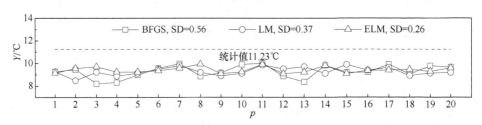

图 4.31　计算海域 E4 的冬季空调室外计算温度预测结果(非安全级参数)(位于"黑潮"影响区)

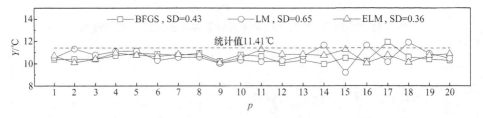

图 4.32　计算海域 E5 的冬季空调室外计算温度预测结果(非安全级参数)

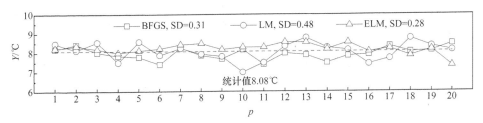

图 4.33　计算海域 S1 的冬季空调室外计算温度预测结果(非安全级参数)

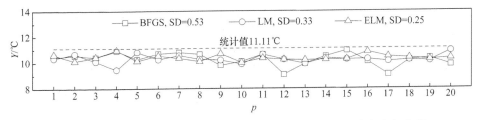

图 4.34　计算海域 S2 的冬季空调室外计算温度预测结果(非安全级参数)

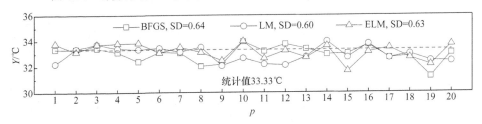

图 4.35　计算海域 S4 的冬季空调室外计算温度预测结果(非安全级参数)

各计算海域冬季通风室外计算温度预测结果,见图 4.36～图 4.46。除了受"黑潮"影响的区域 E2、E4 外,其余计算海域预测值的标准差在 0.11～0.80。

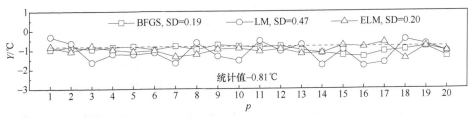

图 4.36　计算海域 B1 的冬季通风室外计算温度预测结果(非安全级参数)

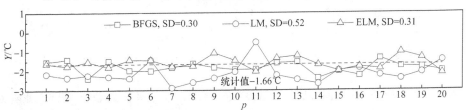

图 4.37　计算海域 Y1 的冬季通风室外计算温度预测结果(非安全级参数)

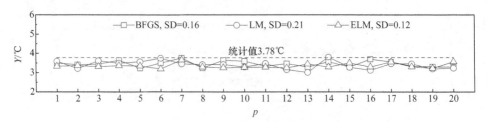

图 4.38　计算海域 Y2 的冬季通风室外计算温度预测结果(非安全级参数)

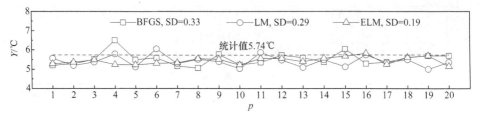

图 4.39　计算海域 E1 的冬季通风室外计算温度预测结果(非安全级参数)

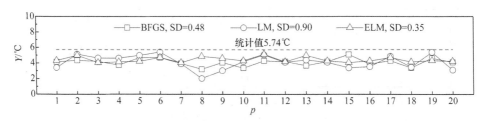

图 4.40　计算海域 E2 的冬季通风室外计算温度预测结果(非安全级参数)(位于"黑潮"影响区)

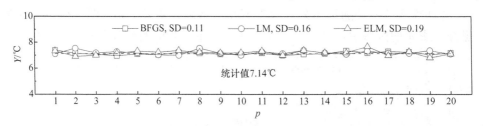

图 4.41　计算海域 E3 的冬季通风室外计算温度预测结果(非安全级参数)

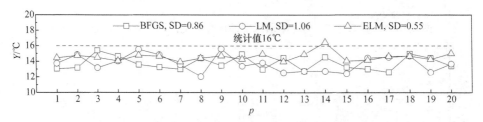

图 4.42　计算海域 E4 的冬季通风室外计算温度预测结果(非安全级参数)(位于"黑潮"影响区)

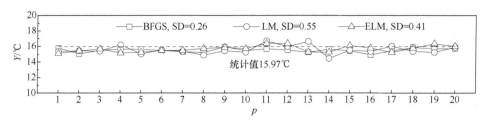

图 4.43　计算海域 E5 的冬季通风室外计算温度预测结果(非安全级参数)

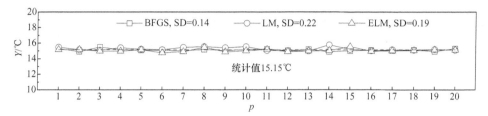

图 4.44　计算海域 S1 的冬季通风室外计算温度预测结果(非安全级参数)

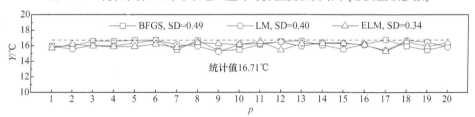

图 4.45　计算海域 S2 的冬季通风室外计算温度预测结果(非安全级参数)

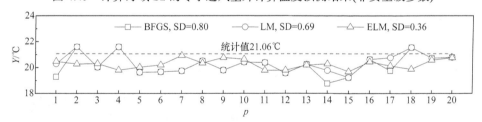

图 4.46　计算海域 S4 的冬季通风室外计算温度预测结果(非安全级参数)

各计算海域夏季空调室外计算干球温度预测结果，见图 4.47～图 4.64。除了受"黑潮"影响的区域 E2、E4 外，其余计算海域预测值的标准差在 0.13～0.98。

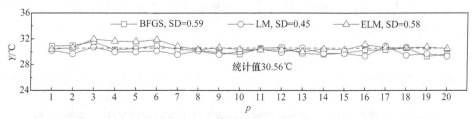

图 4.47　计算海域 B1 的夏季空调室外计算干球温度预测结果(非安全级参数)

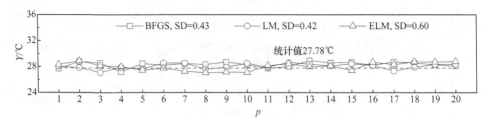

图 4.48　计算海域 Y1 的夏季空调室外计算干球温度预测结果(非安全级参数)

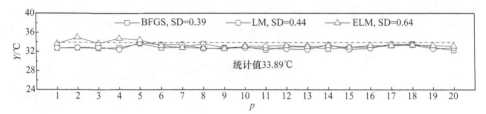

图 4.49　计算海域 Y2 的夏季空调室外计算干球温度预测结果(非安全级参数)

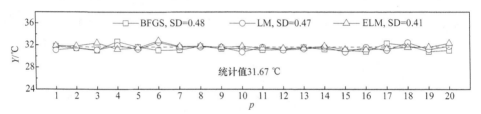

图 4.50　计算海域 E1 的夏季空调室外计算干球温度预测结果(非安全级参数)

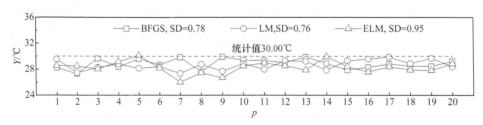

图 4.51　计算海域 E2 的夏季空调室外计算干球温度预测结果(非安全级参数)
(位于"黑潮"影响区)

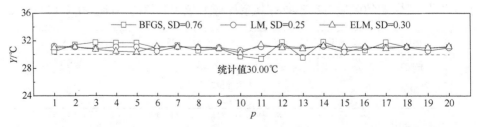

图 4.52　计算海域 E3 的夏季空调室外计算干球温度预测结果(非安全级参数)

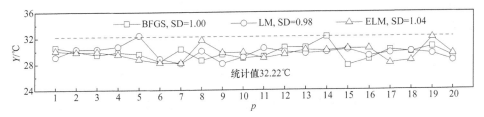

图 4.53　计算海域 E4 的夏季空调室外计算干球温度预测结果(非安全级参数)

(位于"黑潮"影响区)

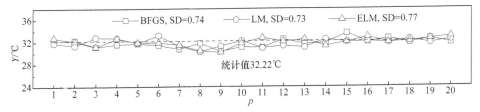

图 4.54　计算海域 E5 的夏季空调室外计算干球温度预测结果(非安全级参数)

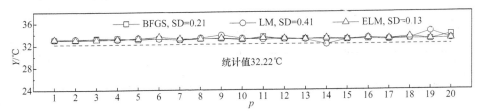

图 4.55　计算海域 S1 的夏季空调室外计算干球温度预测结果(非安全级参数)

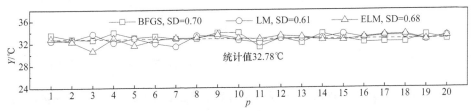

图 4.56　计算海域 S2 的夏季空调室外计算干球温度预测结果(非安全级参数)

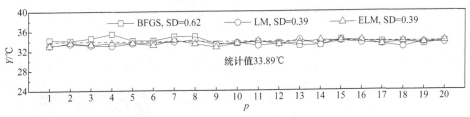

图 4.57　计算海域 S3 的夏季空调室外计算干球温度预测结果(非安全级参数)

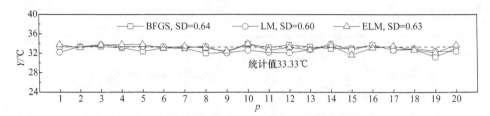

图 4.58　计算海域 S4 的夏季空调室外计算干球温度预测结果(非安全级参数)

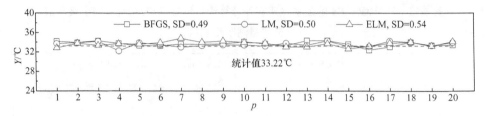

图 4.59　计算海域 S5 的夏季空调室外计算干球温度预测结果(非安全级参数)

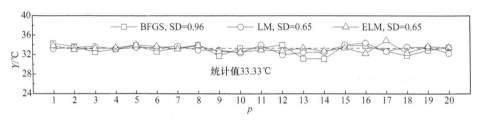

图 4.60　计算海域 S6 的夏季空调室外计算干球温度预测结果(非安全级参数)

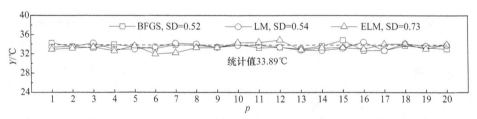

图 4.61　计算海域 S7 的夏季空调室外计算干球温度预测结果(非安全级参数)

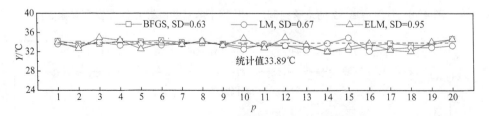

图 4.62　计算海域 S8 的夏季空调室外计算干球温度预测结果(非安全级参数)

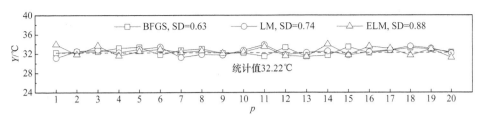

图 4.63　计算海域 S9 的夏季空调室外计算干球温度预测结果(非安全级参数)

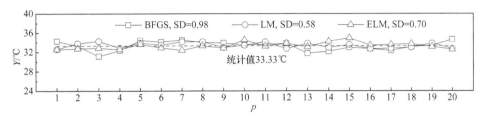

图 4.64　计算海域 S10 的夏季空调室外计算干球温度预测结果(非安全级参数)

各计算海域夏季通风室外计算温度预测结果，见图 4.65～图 4.82。除了受"黑潮"影响的区域 E2、E4 外，其余计算海域预测值的标准差在 0.18～1.00。

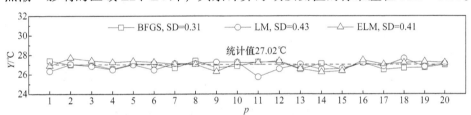

图 4.65　计算海域 B1 的夏季通风室外计算温度预测结果(非安全级参数)

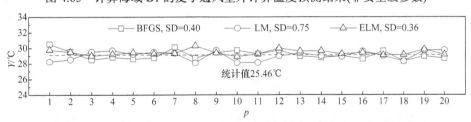

图 4.66　计算海域 Y1 的夏季通风室外计算温度预测结果(非安全级参数)

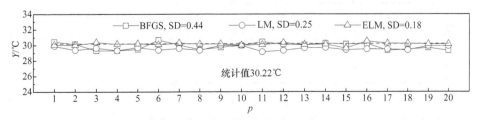

图 4.67　计算海域 Y2 的夏季通风室外计算温度预测结果(非安全级参数)

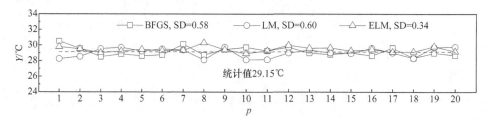

图 4.68　计算海域 E1 的夏季通风室外计算温度预测结果(非安全级参数)

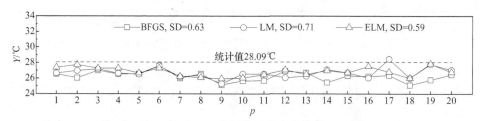

图 4.69　计算海域 E2 的夏季通风室外计算温度预测结果(非安全级参数)
(位于"黑潮"影响区)

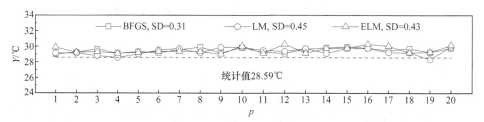

图 4.70　计算海域 E3 的夏季通风室外计算温度预测结果(非安全级参数)

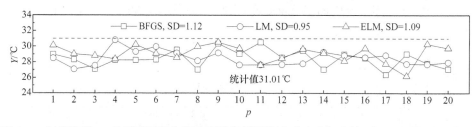

图 4.71　计算海域 E4 的夏季通风室外计算温度预测结果(非安全级参数)(位于"黑潮"影响区)

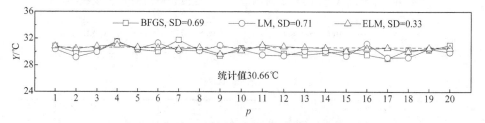

图 4.72　计算海域 E5 的夏季通风室外计算温度预测结果(非安全级参数)

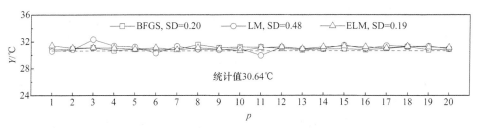

图 4.73　计算海域 S1 的夏季通风室外计算温度预测结果(非安全级参数)

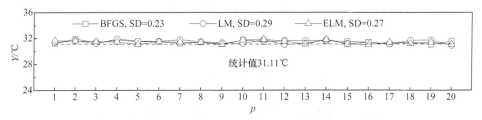

图 4.74　计算海域 S2 的夏季通风室外计算温度预测结果(非安全级参数)

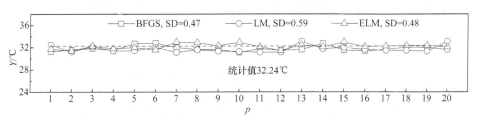

图 4.75　计算海域 S3 的夏季通风室外计算温度预测结果(非安全级参数)

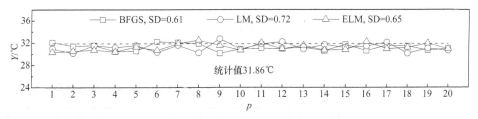

图 4.76　计算海域 S4 的夏季通风室外计算温度预测结果(非安全级参数)

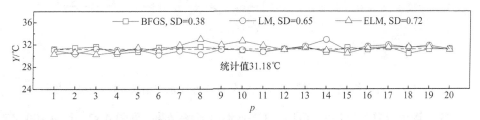

图 4.77　计算海域 S5 的夏季通风室外计算温度预测结果(非安全级参数)

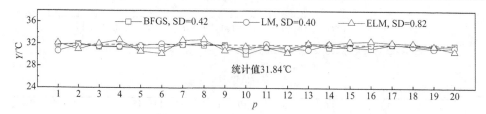

图 4.78　计算海域 S6 的夏季通风室外计算温度预测结果(非安全级参数)

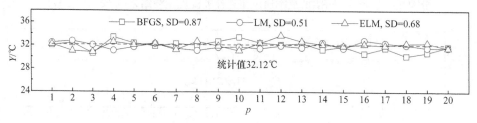

图 4.79　计算海域 S7 的夏季通风室外计算温度预测结果(非安全级参数)

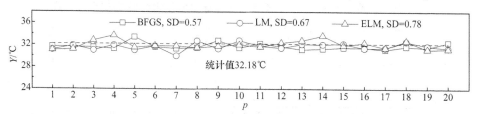

图 4.80　计算海域 S8 的夏季通风室外计算温度预测结果(非安全级参数)

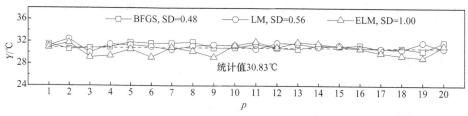

图 4.81　计算海域 S9 的夏季通风室外计算温度预测结果(非安全级参数)

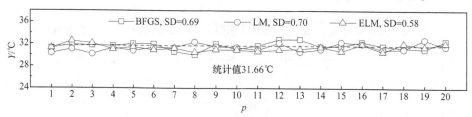

图 4.82　计算海域 S10 的夏季通风室外计算温度预测结果(非安全级参数)

　　各计算海域夏季空调室外计算日平均温度预测结果, 见图 4.83~图 4.100。除了受"黑潮"影响的区域 E2、E4 外, 其余计算海域预测值的标准差在 0.16~0.92。

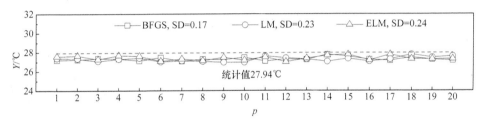

图 4.83　计算海域 B1 的夏季空调室外计算日平均温度预测结果(非安全级参数)

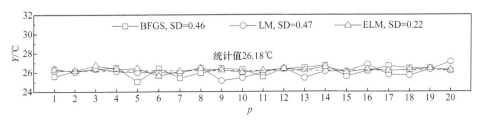

图 4.84　计算海域 Y1 的夏季空调室外计算日平均温度预测结果(非安全级参数)

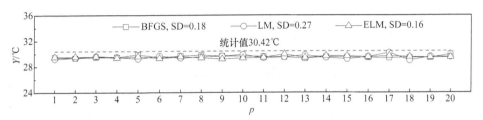

图 4.85　计算海域 Y2 的夏季空调室外计算日平均温度预测结果(非安全级参数)

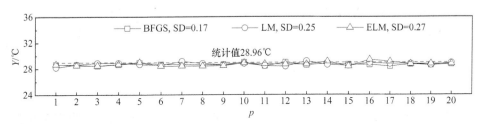

图 4.86　计算海域 E1 的夏季空调室外计算日平均温度预测结果(非安全级参数)

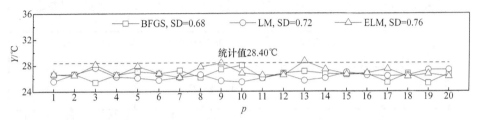

图 4.87　计算海域 E2 的夏季空调室外计算日平均温度预测结果(非安全级参数)

(位于"黑潮"影响区)

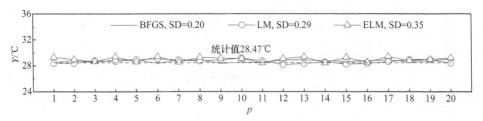

图 4.88　计算海域 E3 的夏季空调室外计算日平均温度预测结果(非安全级参数)

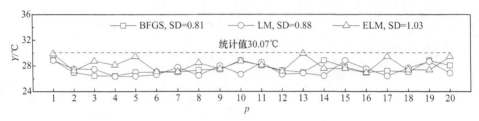

图 4.89　计算海域 E4 的夏季空调室外计算日平均温度预测结果(非安全级参数)

(位于"黑潮"影响区)

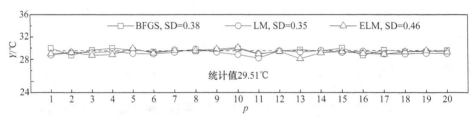

图 4.90　计算海域 E5 的夏季空调室外计算日平均温度预测结果(非安全级参数)

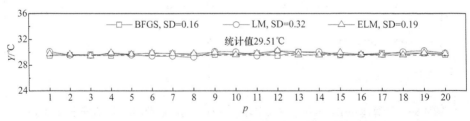

图 4.91　计算海域 S1 的夏季空调室外计算日平均温度预测结果(非安全级参数)

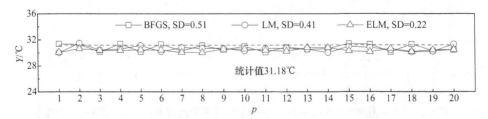

图 4.92　计算海域 S2 的夏季空调室外计算日平均温度预测结果(非安全级参数)

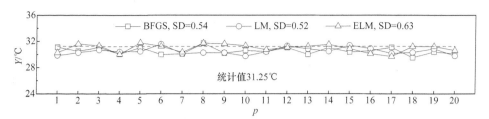

图 4.93　计算海域 S3 的夏季空调室外计算日平均温度预测结果(非安全级参数)

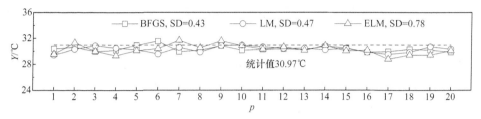

图 4.94　计算海域 S4 的夏季空调室外计算日平均温度预测结果(非安全级参数)

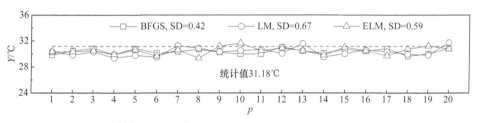

图 4.95　计算海域 S5 的夏季空调室外计算日平均温度预测结果(非安全级参数)

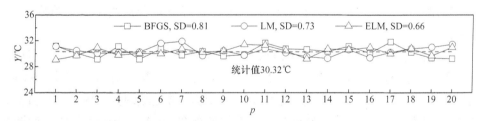

图 4.96　计算海域 S6 的夏季空调室外计算日平均温度预测结果(非安全级参数)

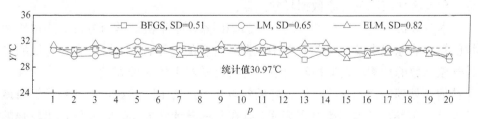

图 4.97　计算海域 S7 的夏季空调室外计算日平均温度预测结果(非安全级参数)

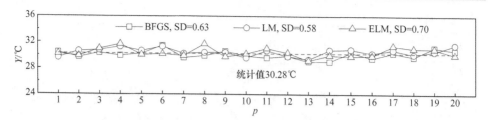

图 4.98　计算海域 S8 的夏季空调室外计算日平均温度预测结果(非安全级参数)

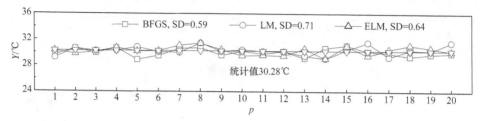

图 4.99　计算海域 S9 的夏季空调室外计算日平均温度预测结果(非安全级参数)

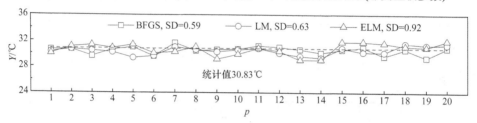

图 4.100　计算海域 S10 的夏季空调室外计算日平均温度预测结果(非安全级参数)

特别指出，有些海域会存在洋流现象，该现象对预测结果的影响应考虑进去。

对预测结果进行分析，计算海域 E2、E4 预测结果存在异常现象，统计值与预测平均值的绝对偏差在 1～3℃。分析多年统计气象数据发现，E2、E4 所属海域为"黑潮"流经区域，此处海域存在海温异常变暖现象，导致气温升高，致使计算海域 E2、E4 的统计值与预测平均值存在 1～3℃的绝对偏差，故应注意分析及区别该海域气象数据异常问题。

本章分析了室外气象参数的主要影响因素。基于机器学习方法，通过从大量已知的陆地城市设计气象数据中挖掘其隐含的规律，实现了对未知海域的设计气象参数的预测。人工神经网络作为机器学习中的一种算法，具有非线性适应性信息处理能力，且泛化能力好的特点。上述若干陆地城市、已知计算海域的设计气象参数样本训练结果表明，其在预测设计气象参数方面体现出较强的泛化能力。

以我国计算海域 B1 为例，其非安全级设计气象参数神经网络预测结果见附录 D。

为方便读者使用，本书将 ELM 神经网络的代码附于附录 E，编制程序所使用的软件平台为 MATLAB。

参 考 文 献

[1] KOPP G, LEAN J L. A new, lower value of total solar irradiance: Evidence and climate significance[J]. Geophysical Research Letters, 2011, 38(1): 1-7.

[2] LIOU K N. 大气辐射导论[M]. 2 版. 郭彩丽，周诗健，译. 北京：气象出版社，2004.

[3] THEAKAEKARA M P. Solar irradiance: Total and spectral and its possible variations[J]. Applied Optics, 1976, 15: 915-920.

[4] MCCULLOH W S, PITTS W. A logical calculus of the ideas immanent in nervous activity[J]. Bulletin of Mathematical Biology, 1943, 52(1-2): 99-115.

[5] 韩立群. 人工神经网络教程[M]. 北京：北京邮电大学出版社，2006.

[6] BRYSON A E, DENHAM W F, DREYFUS S E. Optimal programming problems with inequality constraints[J]. American Institute of Aeronautics and Astronautics Journal, 1963, 1(11): 2544-2550.

[7] RUMELHART D E, HINTON G E, WILLIAMS R J. Learning representations by back-propagating errors[J]. Cognitive Modeling, 1988, 5(3): 696-699.

[8] 陈明，等. MATLAB 神经网络原理与实例精解[M]. 北京：清华大学出版社. 2013.

[9] 方清城. MATLAB R2016a 神经网络设计与应用28个案例分析[M]. 北京：清华大学出版社，2018.

[10] HUANG G B, ZHU Q Y, SIEW C K. Extreme learning machine: theory and applications[J]. Neurocomputing, 2006, 70(1-3): 489-501.

[11] 王小川，等. MATLAB 神经网络 43 个案例分析[M]. 北京：北京航空航天大学出版社，2003.

[12] 张家诚，林之光. 中国气候总论[M]. 上海：上海科学技术出版社，1985.

[13] 么枕生. 气候学原理[M]. 北京：科学出版社，1959.

[14] ZENKER W. Die Vertheilung der Wärme auf der Erdoberfläche[M]. Berlin: Heidelberg, 1888.

[15] SCHREPFER H. Die kontinentalität des deutschen klimas[J]. Petermanns Geographische Mitteilungen, 1925, 71: 49-51.

[16] GORCZYŃSKI L. Sur le calcul du degré du continentalisme et son application dans la climatologie[J]. Geografiska Annaler, 1920, 2(4): 324-331.

[17] CONRAD V. Usual formulas of continentality and their limits of validity[J]. Transactions American Geophysical Union, 1946, 27(5): 663-664.

[18] 中国科学院地理科学与资源研究所. 气候资源数据库　累年各月平均气温及年较差[DB/OL]. [2019-11-07]. http://www.data.ac.cn/table/tbc03.

第5章 海域核动力工程 HVAC 设计气象参数分析

本章给出一套环太平洋海域(18个计算海域)安全级和非安全级设计气象参数值,并将非安全级设计气象参数预测值与第3章给出的统计观测值进行对比,填补我国海域工程暖通空调设计气象参数的空白。此外,还给出海洋核动力平台(船舶)舱室空调负荷计算案例。

5.1 核动力工程安全级 HVAC 设计气象参数值

海域核动力工程安全级 HVAC 设计气象参数类型及对应的计算方法见表 5.1。

表 5.1 海域核动力工程安全级 HVAC 设计气象参数类型及计算方法

项别	设计气象参数类型	计算方法
	极端最高气温	累年极端最高气温
	最高不保证 2 h 夏季空调设计用室外计算干球温度	累年平均每年不保证 2 h
	最高不保证 2 h 夏季空调设计用室外计算干球温度对应的湿球温度	通过公式计算
安全级参数	最高不保证 2 h 夏季空调设计用相对湿度	由相对湿度定义计算
	极端最低温度	累年极端最低气温
	最低不保证 2 h 冬季空调设计用室外计算温度	累年平均每年不保证 2 h
	最低不保证 2 h 冬季空调设计用室外计算温度对应的湿球温度	通过公式计算
	最高不保证 2 h 夏季空调设计用相对湿度	由相对湿度定义计算

安全级参数适用于与核安全相关的环境保障系统的设计计算,非安全级参数适用于核安全级以外的常规系统及岛礁建设等海域工程设施供暖通风空调系统设计。为对比分析,表 5.2 和表 5.3 分别列出了环太平洋各计算海域的安全级气象参数值(附录 A 和附录 B)。表 5.2 涵盖了各海域的累年极端最高(最低)气温、历年极端最高(最低)气温平均值,以及年极端高温(低温)1%阈值和年极

端高温(低温)5%阈值。比较 18 个计算海域的年极端气温 1%及 5%的阈值,夏季前者(1%阈值)比后者(5%阈值)高 0.59～2℃;冬季前者比后者低 1.01～2.71℃。

表 5.2　各计算海域年极端最高(最低)气温(安全级参数)

计算海域	北纬/(°)	东经/(°)	累年极端最高气温/℃	历年极端最高气温平均值/℃	年极端高温 1%阈值/℃	年极端高温 5%阈值/℃	累年极端最低气温/℃	历年极端最低气温平均值/℃	年极端低温 1%阈值/℃	年极端低温 5%阈值/℃
B1	37.93	120.72	36.11	33.20	32.23	30.35	−13.33	−8.39	−7.33	−5.16
Y1	37.97	124.63	32.78	30.49	29.66	28.02	−17.22	−11.21	−9.93	−7.22
Y2	32.07	121.60	38.33	36.15	35.37	33.37	−19.44	−5.39	−4.19	−2.30
E1	30.73	122.45	36.67	33.69	33.07	31.51	−6.11	−2.04	−1.13	0.93
E2	33.29	126.16	35.00	31.93	31.28	30.10	−5.56	−1.11	−0.23	1.44
E3	28.45	121.88	33.33	31.39	30.82	29.14	−3.89	−0.43	0.34	2.43
E4	26.60	127.97	35.00	33.33	32.98	32.37	5.56	9.63	10.45	12.04
E5	23.57	119.63	38.89	34.84	33.66	32.52	1.11	7.18	8.84	11.51
S1	22.20	114.02	36.11	34.79	34.01	33.05	0	5.63	6.61	8.96
S2	20.13	107.72	39.44	35.23	34.01	32.94	−2.78	9.04	10.53	12.48
S3	16.53	111.62	43.33	35.50	34.57	33.72	0	17.83	19.48	21.05
S4	20.67	116.72	42.78	35.57	34.39	33.48	10.00	14.20	16.17	17.91
S5	16.83	112.33	40.00	33.52	32.94	32.35	10.00	19.07	19.94	21.14
S6	10.93	108.10	38.33	36.07	35.20	33.91	13.89	17.33	18.94	20.46
S7	11.42	114.33	39.44	35.08	34.35	33.56	3.33	19.33	21.17	23.17
S8	9.28	103.47	38.89	35.58	34.68	33.80	13.33	21.55	22.63	23.64
S9	8.68	106.60	38.89	35.28	33.54	32.38	15.56	19.67	20.80	22.21
S10	8.65	111.92	40.00	35.48	34.29	32.97	13.33	20.11	21.73	23.56

表 5.3 给出了各计算海域的最高(最低)不保证 2 h 空调设计干球温度、最高(最低)不保证 2 h 空调设计干球温度对应的湿球温度,以及最高(最低)不保证 2 h 空调设计相对湿度。计算结果表明,我国环太平洋各计算海域,夏季最高不保证 2 h 干球温度的最高值为 37.22℃(位于南海海域 S6),冬季最低不保证 2 h 干球温度的最低值为−13.89℃(位于黄海海域 Y1)。

表 5.3　各计算海域不保证 2 h 空调设计干球(湿球)温度及相对湿度(安全级参数)

计算海域	最高不保证 2 h 夏季空调设计用室外计算干球温度/℃	最高不保证 2 h 夏季空调设计用室外计算干球温度对应的湿球温度/℃	最高不保证 2 h 夏季空调设计用相对湿度/%	最低不保证 2 h 冬季空调设计用室外计算温度/℃	最低不保证 2 h 冬季空调设计用室外计算温度对应的湿球温度/℃	最低不保证 2 h 冬季空调设计用相对湿度/%
B1	33.89	27.17	59.91	−10.56	−11.48	70.04
Y1	31.11	27.30	74.85	−13.89	−14.63	69.40
Y2	36.67	27.44	49.67	−6.11	−7.94	55.62
E1	34.44	28.46	64.13	−4.44	−6.20	61.76
E2	32.78	26.16	59.64	−2.22	−3.67	71.85
E3	31.67	27.03	70.15	−1.67	−3.68	62.22
E4	33.89	26.79	57.93	8.33	7.21	85.87
E5	33.33	27.43	63.87	8.33	6.69	79.49
S1	34.44	27.30	58.08	5.00	1.61	53.10
S2	34.44	28.46	64.11	8.89	7.48	82.72
S3	35.56	29.49	64.32	18.33	14.93	70.20
S4	35.00	28.98	71.14	14.44	12.22	77.51
S5	33.33	26.67	59.77	18.89	14.86	65.19
S6	37.22	28.31	51.55	16.11	15.07	89.84
S7	35.56	29.90	66.42	15.56	12.95	74.77
S8	36.11	28.84	58.48	20.56	20.56	96.61
S9	33.89	26.80	57.95	20.00	19.25	93.33
S10	35.56	28.32	58.32	20.00	19.62	96.62

通过分析整理各海域气象参数统计值,本书给出适用于我国环太平洋海域核动力工程安全级 HVAC 设计气象参数的推荐值,见表 5.4。读者可根据工程需要,综合考虑选用。

表 5.4　环太平洋海域核动力工程安全级 HVAC 设计气象参数推荐值

项别	设计气象参数	推荐值
安全级参数	累年极端最高气温/℃	43.33
	历年极端最高气温平均值/℃	36.15
	年极端高温 1%阈值/℃	35.37
	年极端高温 5%阈值/℃	33.91

续表

项别	设计气象参数	推荐值
安全级 参数	累年极端最低气温/℃	−19.44
	历年极端最低气温平均值/℃	−11.21
	年极端低温 1%阈值/℃	−9.93
	年极端低温 5%阈值/℃	−7.22
	最高不保证 2 h 夏季空调设计用室外计算干球温度/℃	37.22
	最高不保证 2 h 夏季空调设计用室外计算干球温度对应的湿球温度/℃	28.31
	最高不保证 2 h 夏季空调设计用相对湿度/%	74.85
	最低不保证 2 h 冬季空调设计用室外计算温度/℃	−13.89
	最低不保证 2 h 冬季空调设计用室外计算温度对应的湿球温度/℃	−14.63
	最低不保证 2 h 冬季空调设计用相对湿度/%	96.62

从表 5.4 可以看出，对于全部海域，最高不保证 2 h 夏季空调设计干球温度为 37.22℃，最低不保证 2 h 冬季空调设计干球温度为−13.89℃。船舶环境设计用国家标准《机械产品环境条件　海洋》(GB/T 14092.4—2009)[1]给出的海上固定式和移动式设施、机械产品的环境参数分别为：年设计最高温度为40℃，年设计最低温度为−20℃。与之相比，表 5.4 给出的海域工程安全级设计气象参数值，其最高不保证 2 h 夏季空调设计干球温度降低了 2.78℃，最低不保证 2 h 冬季空调设计干球温度则升高了 6.11℃。这意味着，通风空调系统及设备的初投资将显著降低，也节省了船舶或海上核动力平台等宝贵的作业空间。

5.2　核动力工程非安全级 HVAC 设计气象参数值

基于统计法给出的一套海域核动力工程非安全级 HVAC 设计气象参数值，见附录 C。设计气象参数类型及对应的计算方法见表 5.5。以计算海域 B1 为例，表 5.6 列出了核动力工程非安全级 HVAC 设计气象参数值。

表 5.5　海域核动力工程非安全级 HVAC 设计气象参数类型及计算方法

项别	设计气象参数类型	计算方法
非安全级参数	冬季供暖设计用室外计算温度	累年平均每年不保证 5 天
	冬季通风设计用室外计算温度	历年最冷月月平均温度的平均值
	冬季空调设计用室外计算温度	累年平均每年不保证 1 天
	夏季通风设计用室外计算温度	历年最热月 14 时的平均温度的平均值
	夏季空调设计用室外计算干球温度	累年平均每年不保证 50 h
	夏季空调设计用室外计算相对湿度	由相对湿度定义计算
	冬季空调设计用室外计算相对湿度	由相对湿度定义计算
	夏季通风设计用室外计算相对湿度	由相对湿度定义计算
	夏季空调设计用室外计算湿球温度	通过公式计算
	夏季空调设计用室外计算日平均温度	累年平均每年不保证 5 天的日平均温度

表 5.6　计算海域 B1 核动力工程非安全级 HVAC 设计气象参数值

项别	计算海域 B1
海拔/m	40.00
北纬/(°)	37.93
东经/(°)	120.72
统计年份	1989～2018 年(30 年)
数据类型	3 次定时
供暖设计用室外计算温度/℃	−4.52
夏季空调设计用室外计算干球温度/℃	30.56
夏季空调设计用室外计算干球温度对应露点温度/℃	23.33
夏季空调设计用室外计算干球温度对应大气压力/mbar*	1008.6
夏季空调设计用室外计算干球温度对应湿球温度/℃	25.23
夏季空调设计用室外计算干球温度对应相对湿度/%	65.42
冬季通风设计用室外计算温度/℃	−0.81
冬季空调设计用室外计算温度/℃	−7.06
冬季空调设计用室外计算温度对应露点温度/℃	−11.11
冬季空调设计用室外计算温度对应大气压力/mbar	1038.1

续表

项别	计算海域 B1
冬季空调设计用室外计算温度对应相对湿度/%	70.00
夏季通风设计用室外计算温度/℃	27.02
夏季通风设计用室外计算温度对应露点温度/℃	22.05
夏季通风设计用室外计算温度对应大气压力/mbar	1006.30
夏季通风设计用室外计算温度对应相对湿度/%	74.27
夏季空调设计用室外计算日平均温度/℃	27.94

*1bar=10^5 Pa=1dN/mm^2。

一些海洋工程及船舶的作业范围遍及广阔的海洋水域,并不局限于特定海域,表 5.7 给出了一套适用于全部计算海域的非安全级 HVAC 设计气象参数,其最高和最低设计干球温度分别为 33.89℃(位于海域 S8)和-9.65℃(位于海域 Y1)。

表 5.7　环太平洋海域核动力工程非安全级 HVAC 设计气象参数值

项别	设计气象参数	统计值
非安全级参数	供暖设计用室外计算温度/℃	-6.46
	冬季通风设计用室外计算温度/℃	-2.13
	冬季空调设计用室外计算温度/℃	-9.65
	冬季空调设计用室外计算温度对应相对湿度/%	82.78
	夏季通风设计用室外计算温度/℃	32.24
	夏季通风设计用室外计算温度对应相对湿度/%	82.98
	夏季空调设计用室外计算干球温度/℃	33.89
	夏季空调设计用室外计算干球温度对应湿球温度/℃	30.14
	夏季空调设计用室外计算干球温度对应相对湿度/%	79.70
	夏季空调设计用室外计算日平均温度/℃	31.25

图 5.1 所示焓湿图包括全部计算海域的安全级设计温度和非安全级设计温度范围。从图中可以看出,我国环太平洋海域核动力工程 HVAC 安全级设计参数值介于-13.89~37.22℃,非安全级设计参数值介于-9.65~33.89℃。

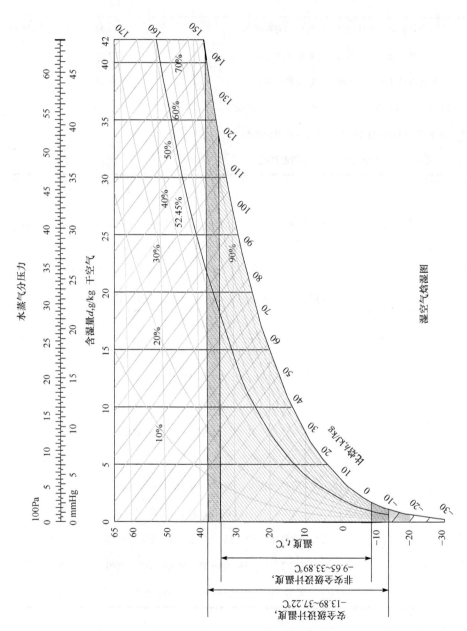

图 5.1　海域工程安全级设计温度和非安全级设计温度范围在焓湿图上的表示

5.3　基于人工神经网络的海域工程 HVAC设计气象参数与统计观测值对比

第 4 章 4.4 节给出了各计算海域设计气象参数的人工神经网络预测值。这些预测结果是通过 BFGS、LM、ELM 三种人工神经网络法获得的。下面将海域设计气象参数预测值与统计值进行对比分析。

各计算海域供暖、通风、空调设计参数对应的统计值与预测值的对比，详见图 5.2～图 5.7。

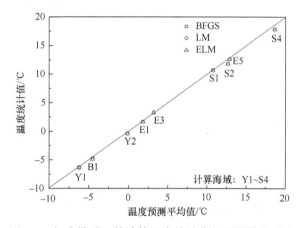

图 5.2　冬季供暖室外计算温度统计值与预测值的对比

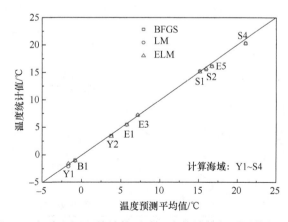

图 5.3　冬季空调室外计算干球温度统计值与预测值的对比

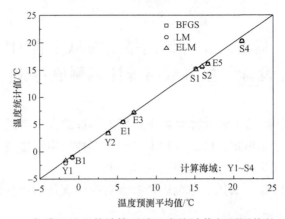

图 5.4　冬季通风室外计算干球温度统计值与预测值的对比

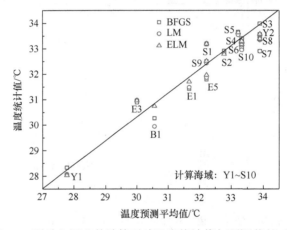

图 5.5　夏季空调室外计算干球温度统计值与预测值的对比

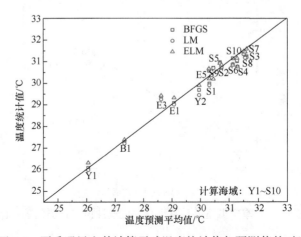

图 5.6　夏季通风室外计算干球温度统计值与预测值的对比

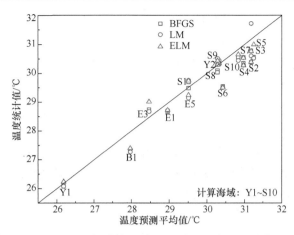

图 5.7　夏季空调室外计算日平均温度统计值与预测值的对比

对图 5.2～图 5.7 中 BFGS、LM 和 ELM 三种神经网络全部计算海域的预测结果进行误差分析，将预测温度值的平均绝对误差(MAE)、均方误差(MSE)、平均绝对百分误差(MAPE)的计算结果列于表 5.8。MAE、MSE、MAPE 定义如下：

$$MAE = \frac{1}{n}\sum_{i=1}^{n}|y_i - \hat{y}_i| \tag{5.1}$$

$$MSE = \frac{1}{n}\sum_{i=1}^{n}(y_i - \hat{y}_i)^2 \tag{5.2}$$

$$MAPE = \frac{100\%}{n}\sum_{i=1}^{n}\left|\frac{y_i - \hat{y}_i}{y_i}\right| \tag{5.3}$$

式中，n——样本气象数据个数；

　　　y_i——气象参数统计值，℃；

　　　$\hat{y}_i$——气象参数预测值，℃。

表 5.8　三种人工神经网络预测误差(MAE、MSE、MAPE)

人工神经网络	最大绝对误差/℃	MAE/℃	MSE/℃	MAPE/%
BFGS	0.98	0.35	0.20	4.7
LM	0.98	0.38	0.21	5.7
ELM	0.52	0.33	0.18	4.6

从表 5.8 可以看出，三种人工神经网络均可较好地预测我国环太平洋海域

的 HVAC 设计气象参数。相对而言，ELM 模型的预测效果优于其他两种人工神经网络模型，其平均绝对误差、均方误差较小，平均绝对百分误差为 4.6%。综合考虑，推荐采用 ELM 神经网络模型来预测未知海域的 HVAC 设计气象参数。

上述分析表明，分别基于陆地及已知海洋设计气象参数为基础训练数据，通过训练人工神经网络模型来预测环未知海域 HVAC 设计气象参数，其方法方便、可行、可靠。相对而言，ELM 神经网络可以较好地预测气象数据缺失或者未知海域的 HVAC 设计气象参数，为海域核动力及相关海域工程的环境保障 HVAC 气象参数的确定提供了预测方法。

5.4　海域核动力平台空调负荷计算案例

本节通过工程案例，阐明气象参数在空调负荷计算中的作用。所给出的工程案例为海洋核动力平台(船舶)的空调负荷计算。需要说明的是，尽管海洋核动力平台与一般船舶在构造、功能等方面存在差异，但从空调系统设计而言，具有原理上的一致性。船舶空调负荷计算时，夏季室外计算参数取最高不保证 2 h 夏季空调设计用室外计算干球温度，即 37.22℃；冬季室外计算参数取最低不保证 2 h 冬季空调设计用室外计算温度，即−13.89℃。

为了防止术语混淆，对本节涉及的船舶专用术语及定义进行介绍。

(1) 甲板：船舶结构中位于内底板以上的平面结构，用于封盖船内空间，呈水平分隔成层形式。最上一层船艏尾的统长甲板称上甲板。若该层甲板所有开口都能密封并保证水密，这层甲板可称为主甲板。主甲板以下的各层统长甲板，从上到下依次叫二层甲板、三层甲板，等等。

(2) 舱壁：分隔船内空间的竖壁或斜壁结构。

(3) 船舷：指船舶两侧连接船底和甲板的侧壁部分。

5.4.1　工程设计案例概况

空调负荷计算的合理性直接关系到空调系统设计和设备选型的合理性及经济性。

以海洋核动力平台为例，海域工程空调冷热负荷计算的一般原则如下：

(1) 确定室外空气设计气象参数，即舱外的温度、相对湿度等，按安全级设计气象参数计算[2]；

(2) 确定船舶的空调区域或空调舱室的空气设计参数，即舱内的温度、相对湿度；

(3) 本船的航线和航区情况，船上乘员的人数，最大续航能力等；

(4) 明确与空调区域邻接的各种非空调舱室的设计温度；

(5) 逐项计算空调区域和空调舱室内部和外界的得(失)热量，确定夏季冷负荷及冬季热负荷。

以移动式核动力平台(船舶)为例。船体主板以下舱段(无窗)为计算对象(记为舱段 1)，舱段 1 包含 A～I 九层空间，其中 A 层为控制室和办公室，B～I 层为电气间(内含电气、仪控机柜间)。舱段 1 中 A 层甲板以上有上层建筑，且为空调房间，无日晒及辐射温升。舱段 1 前后两侧(船艏方向)为其他舱段，其为非空调舱室。

图 5.8 为核动力平台示意图，图 5.9 为舱段 1 简化视图。整个舱段为 50m×20m×31.5m，船宽方向长 50m，船艏方向宽 20m，舱段高 31.5m(分为 A～I 计 9 层，每层高 3.5m)。船体吃水线位于 H 层，吃水线以下为海水。按 I 层位于海水下，H 层及以上位于空气中，对舱段 1 进行夏、冬季空调负荷计算。

图 5.8　核动力平台(移动式船舶)

(来源：http://www.cgnpc.com.cn/cgn/c100993/lm_tt_four_kycg.shtml)

计算舱段 1 夏季、冬季负荷的内、外部环境条件如下。

1. 舱室外部环境条件(前述章节给出的安全级设计气象参数)

夏季空调室外设计温度：37.22℃；

冬季空调室外计算温度：−13.89℃；

舱外相对湿度取 80%；

夏季海水表层温度取 30℃，冬季取−3℃[1]。

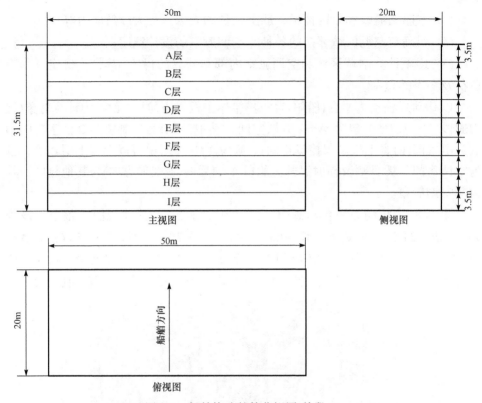

图 5.9　船舶构造的简化视图(舱段 1)

2. 舱室内部环境条件

整个舱段全年可按 18～26℃计算(办公室、控制室、电气间室内环境条件均相同)，即

夏季空调室内设计最高温度：26℃；

冬季空调室内设计最低温度：18℃；

舱内相对湿度取 55%；

非空调舱室夏季室内温度取 45℃，冬季取 5℃。

5.4.2　空调负荷计算

1. 夏季冷负荷

对于夏季空调工况，舱段 1 的热量来自舱内传热量、人体散热量、照明发热量和设备发热量。

1) 舱内传热量

舱内传热量包括日晒甲板、舱壁和船舷的传热量，无日晒外露甲板、舱壁的传热量及非空调舱室的传热量：

$$q_t = q_1 + q_2 + q_3 \qquad (5.4)$$

式中，q_t——每个舱室的传热量，W；

q_1——日晒甲板、舱壁、船舷的传热量，W；

q_2——无日晒外露甲板、舱壁的传热量，W；

q_3——非空调舱室的传热量，W。

(1) 日晒甲板、舱壁和船舷的传热量。

$$q_1 = h \cdot A_1 (t_o - t_n) + h \cdot A_1' \cdot \Delta t_r \qquad (5.5)$$

式中，h——各传热面相应隔热结构的传热系数，W/(m^2 · K)；依据《船舶设计实用手册(轮机分册)》[3]，取 1.10 W/(m^2 · K)；

A_1——各传热面面积，m^2；

A_1'——受到太阳辐照的传热面面积，m^2；

t_o——舱外空气设计温度，℃；

t_n——舱内空气设计温度，℃；

Δt_r——日晒面上太阳辐射温升，K；依据《船舶设计实用手册(轮机分册)》，通常对舱壁取 16 K，对甲板取 25 K。

(2) 无日晒外露甲板、舱壁传热量。

$$q_2 = h \cdot A_2 (t_o + \Delta t_e - t_n) \qquad (5.6)$$

式中，h——各传热面上相应隔热结构的传热系数，W/(m^2 · K)；

A_2——各传热面面积，m^2；

Δt_e——太阳漫反射辐射等引起的表面温升，取 2～3 K。

(3) 非空调舱室传热量。

$$q_3 = h \cdot A_3 \cdot \Delta t \qquad (5.7)$$

式中，h——各传热面上相应隔热结构的传热系数，W/(m^2 · K)；

A_3——相邻舱壁或甲板传热表面积，m^2；

Δt——相邻舱室之间的温差，K。

以舱段 1 中 A 层舱室为例，舱室传热计算过程如下。

舱段 1 位于甲板下，因此 A 层舱室无日晒甲板传热；舱段 1 的舱壁均为内部舱壁，A 层舱室也无日晒舱壁传热；从船尾到船艏方向，舱段 1 中 A 层舱室的左右两侧为外船舷(20×3.5 m)，因此 A 层的舱内传热包括日晒船舷传热，为

$$q_{1,A} = h \cdot A_1(t_o - t_n) + h \cdot A_1' \cdot \Delta t_r$$
$$= 1.1 \times 3.5 \times 20 \times 2 \times (37.22 - 26) + 1.1 \times 3.5 \times 20 \times 2 \times 16$$
$$= 4191.88 \ (\text{W})$$

A 层舱室船艉到船艏方向的两个舱壁(50×3.5 m)属于非空调舱室传热，相邻舱室温度夏季为 45℃，冬季为 5℃。A 层舱室非空调舱室的传热量为

$$q_{3,A} = h \cdot A_3 \cdot \Delta t = 1.1 \times 3.5 \times 50 \times 2 \times (45 - 26) = 7315.00 \ (\text{W})$$

因此，A 舱室的舱内传热为 $q_{t,A} = q_{1,A} + q_{3,A} = 4191.88 + 7315 = 11506.88 \ (\text{W})$。

舱段 1 各层舱室传热量计算结果见表 5.9。

表 5.9　舱段 1 各层舱室传热量

层号	A 层	B 层	C 层	D 层	E 层	F 层	G 层	H 层	I 层	合计
传热量/kW	11.51	11.51	11.51	11.51	11.51	11.51	11.51	11.51	12.79	104.87

2) 人体散热量

$$q_p = q_{ps} + q_{pL} = n_p(q_{ps}' + q_{pL}') \tag{5.8}$$

式中，q_p——人体散热量，W；

q_{ps}——人体散发显热量，W；

q_{pL}——人体散发潜热量，W；

q_{ps}'，q_{pL}'——人体散发的显热量及潜热量，W；

n_p——每个舱室内的计算人数，人。

舱段 1 中 A 层舱室为控制室和办公室，最大滞留人数为 12 人，其他层多数时间无人，考虑运行人员巡检，按每层 2 人及中等劳动强度计算。舱段 1 各层滞留人数见表 5.10。

表 5.10　舱段 1 各层滞留人数

层号	A 层	B 层	C 层	D 层	E 层	F 层	G 层	H 层	I 层
滞留人数/人	12	2	2	2	2	2	2	2	2

根据《船舶设计实用手册(轮机分册)》[3]中表 6.4.3.5 人体散热量，中等强度活动显热散热量为 65 W，潜热散热量为 155 W。

舱段 1 中 A 层舱室人体散热量为 $q_{p,A} = n_p(q_{ps}' + q_{pL}') = 12 \times (65 + 155) = 2640 (\text{W})$。

舱段 1 各层舱室的人体散热量统计结果见表 5.11。

表 5.11　舱段 1 各层舱室人体散热量(中等强度活动)

层号	A 层	B 层	C 层	D 层	E 层	F 层	G 层	H 层	I 层	合计
人体散热量/kW	2.64	0.44	0.44	0.44	0.44	0.44	0.44	0.44	0.44	6.16

3) 照明发热量

有日光照射而无窗帘的舱室，照明发热量可不计。有玻璃窗及窗帘舱室，以及无日光舱室的照明发热量可按式(5.9)计算。在照明功率未知时，可按舱室地板面积估算照明发热量。

$$q_1 = I_w + 1.25F_u \tag{5.9}$$

式中，q_1——各舱室照明发热量，W；

I_w——各舱室白炽灯功率，W；

F_u——各舱室荧光灯功率，W。

A 层舱室的控制室选用白炽灯，办公室及其他各层舱室选用荧光灯。A 层控制室白炽灯的总功率为 1320 W，A 层办公室荧光灯总功率为 744 W。因此，A 层照明发热量为 $q_{1,A} = I_w + 1.25F_u = 1320 + 1.25 \times 744 = 2250$ (W)。

舱段 1 其他各层舱室的荧光灯功率为 1360 W。舱段 1 各层舱室照明发热量统计结果见表 5.12。

表 5.12　舱段 1 各层舱室照明发热量

层号	A 层	B 层	C 层	D 层	E 层	F 层	G 层	H 层	I 层	合计
照明发热量/kW	2.25	1.70	1.70	1.70	1.70	1.70	1.70	1.70	1.70	15.85

4) 舱内设备发热量

工艺生产给出的舱段 1 各层总电缆发热量为 57 kW，每层平均约为 6.33 kW。A 层电气设备发热量为 1.07 kW，A 层仪控设备发热量为 10.50 kW。由此，A 层舱室设备的总发热量为 17.90 kW。

舱段 1 各层电缆、主要电气及仪控设备发热量见表 5.13。

表 5.13　舱段 1 各层设备发热量

层号	电缆发热量/kW	电气设备发热量/kW	仪控设备发热量/kW	舱内设备发热量合计/kW
A 层	6.33	1.07	10.50	17.90
B 层	6.33	49.15	0	55.48
C 层	6.33	0	31.50	37.83
D 层	6.33	13.25	9.00	28.58

续表

层号	电缆发热量/kW	电气设备发热量/kW	仪控设备发热量/kW	舱内设备发热量合计/kW
E 层	6.33	34.65	0	40.98
F 层	6.33	0	0	6.33
G 层	6.33	0	0	6.33
H 层	6.33	0	0	6.33
I 层	6.33	0	0	6.33

5) 空调舱总冷负荷

每个空调舱室的冷负荷为显热得热量与潜热得热量之和。

$$q = q_s + q_L \tag{5.10}$$

式中，q_s——每个空调舱室舱内显热得热量，W；

q_L——每个空调舱室舱内潜热得热量，W。

舱段 1 中 A 层舱室总冷负荷为 $q_A = 34.30\ kW$。

舱段 1 各层舱室总冷负荷见表 5.14。

表 5.14　舱段 1 各层舱室总冷负荷

层号	A 层	B 层	C 层	D 层	E 层	F 层	G 层	H 层	I 层	合计
总冷负荷/kW	34.30	69.13	51.48	42.23	54.63	19.98	19.98	19.98	21.26	332.97

从表 5.14 中得出，舱段 1 的夏季空调冷负荷为 332.97 kW。

2. 冬季热负荷

对于各舱室冬季热负荷，仅考虑舱内传热量，而人体散发热、照明热及设备热均不计入热量计算。

$$q' = h \cdot (A_1 + A_2)(t'_n - t'_o) + h \cdot A_3 \cdot \Delta t' \tag{5.11}$$

式中，q'——各舱室冬季工况的舱内传热量，W；

h——传热系数，$W/(m^2 \cdot K)$；

A_1，A_2，A_3——传热面积，m^2；

t'_o——冬季工况室外设计温度，℃；

t'_n——冬季工况舱内设计温度，℃；

$\Delta t'$——空调舱室与相邻非空调舱室的计算温差，K。

舱内总损失热量为各舱室传热量之和。

以舱段 1 的 A 层舱室传热量计算为例,计算过程如下。

从船艉到船艏方向,计算舱段 1 中 A 层舱室的左右两侧$(20\,\mathrm{m}\times3.5\,\mathrm{m}\times2)$的船舷传热量。A 层舱室船艉到船艏方向的两个舱壁$(50\,\mathrm{m}\times3.5\,\mathrm{m}\times2)$属于非空调舱室传热,相邻舱室冬季温度为 5℃。

A 层舱室冬季热负荷为

$$q'_A = h \cdot (A_1 + A_2)(t'_n - t'_o) + h \cdot A_3 \cdot \Delta t'$$
$$= 1.1 \times 20 \times 3.5 \times 2 \times [18 - (-13.89)] + 1.1 \times 50 \times 3.5 \times 2 \times (18 - 5)$$
$$= 9916.06 \ (W)$$
$$\approx 9.92 (kW)$$

舱段 1 各层舱室冬季热负荷见表 5.15。

表 5.15　舱段 1 各层舱室热负荷

层号	A 层	B 层	C 层	D 层	E 层	F 层	G 层	H 层	I 层	合计
舱室热负荷/kW	9.92	9.92	9.92	9.92	9.92	9.92	9.92	9.92	31.34	110.70

从表 5.16 中得出,舱段 1 的冬季空调热负荷为 110.70 kW。

为分析设计气象参数对船舶空调负荷的影响,给出了依据《机械产品环境条件　海洋》(GB/T 14092.4—2009)[1]年设计最低温度-20℃,年设计最高温度40℃计算得到的舱段 1 的围护结构空调负荷(两者除舱外设计气象参数不同外,舱内设计参数及其他参数均相同)。

两种室外设计气象参数下,舱段 1 的夏、冬季围护结构传热负荷,见表 5.16。

表 5.16　两种室外设计气象参数下,舱段 1 的夏、冬季围护结构传热负荷
(甲板、舱壁和船舷)

设计参数来源	设计参数		夏季冷负荷/kW	冬季热负荷/kW
本书推荐	最高不保证 2 h 夏季空调设计干球温度	37.22℃	39.01	—
	最低不保证 2 h 冬季空调设计温度	-13.89℃	—	65.62
GB/T 14092.4—2009	设计最高温度	40℃	42.44	—
	设计最低温度	-20℃	—	73.15

从表 5.16 看出,与 GB/T 14092.4—2009 设计气象参数相比,依据本书中

暖通空调设计气象参数得到的外围护结构冷负荷降低了 8.8%，冬季空调热负荷降低了 11.5%。

为方便读者查阅和使用，本书将环太平洋海域设计气象参数分析计算成果绘制为若干表格，作为本书的附录给出；此外，附录也给出了用于未知海域气象参数预测的 ELM 人工神经网络模型核心代码。

附录 A 为我国环太平洋海域(18 个计算海域)的极端最高、最低气温；

附录 B 为 18 个计算海域的最高(最低)不保证 2 h 空调设计干球温度及对应的湿球温度值；

附录 C 为 18 个计算海域的供暖、通风、空调设计参数值；

附录 D 为计算海域 B1 的非安全级参数人工神经网络预测结果；

附录 E 为预测海域设计气象参数的 ELM 人工神经网络核心代码。

参 考 文 献

[1] 中华人民共和国国家质量监督检验检疫总局, 中国国家标准化管理委员会. 机械产品环境条件 海洋: GB/T 14092.4—2009[S]. 北京: 中国标准出版社, 2009.

[2] 国家核安全局. 核动力厂设计安全规定: HAF102—2016[S]. 北京: 中国水利水电出版社, 2016.

[3] 中国船舶工业总公司. 船舶设计实用手册(轮机分册)[M]. 北京: 国防工业出版社, 2013.

附 录 A

表 A.1 18个计算海域年极端最高(最低)气温(安全级参数)

计算海域	北纬/(°)	东经/(°)	累年极端最高气温/℃	历年极端最高气温平均值/℃	年极端高温1%阈值/℃	年极端高温5%阈值/℃	累年极端最低气温/℃	历年极端最低气温平均值/℃	年极端低温1%阈值/℃	年极端低温5%阈值/℃
B1	37.93	120.72	36.11	33.20	32.23	30.35	−13.33	−8.39	−7.33	−5.16
Y1	37.97	124.63	32.78	30.49	29.66	28.02	−17.22	−11.21	−9.93	−7.22
Y2	32.07	121.60	38.33	36.15	35.37	33.37	−19.44	−5.39	−4.19	−2.30
E1	30.73	122.45	36.67	33.69	33.07	31.51	−6.11	−2.04	−1.13	0.93
E2	33.29	126.16	35.00	31.93	31.28	30.10	−5.56	−1.11	−0.23	1.44
E3	28.45	121.88	33.33	31.39	30.82	29.14	−3.89	−0.43	0.34	2.43
E4	26.60	127.97	35.00	33.33	32.98	32.37	5.56	9.63	10.45	12.04
E5	23.57	119.63	38.89	34.84	33.66	32.52	1.11	7.18	8.84	11.51
S1	22.20	114.02	36.11	34.79	34.01	33.05	0	5.63	6.61	8.96
S2	20.13	107.72	39.44	35.23	34.01	32.94	−2.78	9.04	10.53	12.48
S3	16.53	111.62	43.33	35.50	34.57	33.72	0	17.83	19.48	21.05
S4	20.67	116.72	42.78	35.57	34.39	33.48	10.00	14.20	16.17	17.91
S5	16.83	112.33	40.00	33.52	32.94	32.35	10.00	19.07	19.94	21.14
S6	10.93	108.10	38.33	36.07	35.20	33.91	13.89	17.33	18.94	20.46
S7	11.42	114.33	39.44	35.08	34.35	33.56	3.33	19.33	21.17	23.17
S8	9.28	103.47	38.89	35.58	34.68	33.80	13.33	21.55	22.63	23.64
S9	8.68	106.60	38.89	35.28	33.54	32.38	15.56	19.67	20.80	22.21
S10	8.65	111.92	40.00	35.48	34.29	32.97	13.33	20.11	21.73	23.56

附 录 B

表 B.1 18 个计算海域不保证 2 h 空调设计干球(湿球)温度及相对湿度(安全级参数)

计算海域	最高不保证 2 h 夏季空调设计用室外计算干球温度/℃	最高不保证 2 h 夏季空调设计用室外计算干球温度对应的湿球温度/℃	最高不保证 2 h 夏季空调设计用相对湿度/%	最低不保证 2 h 冬季空调设计用室外计算温度/℃	最低不保证 2 h 冬季空调设计用室外计算温度对应的湿球温度/℃	最低不保证 2 h 冬季空调设计用相对湿度/%
B1	33.89	27.17	59.91	−10.56	−11.48	70.04
Y1	31.11	27.30	74.85	−13.89	−14.63	69.40
Y2	36.67	27.44	49.67	−6.11	−7.94	55.62
E1	34.44	28.46	64.13	−4.44	−6.20	61.76
E2	32.78	26.16	59.64	−2.22	−3.67	71.85
E3	31.67	27.03	70.15	−1.67	−3.68	62.22
E4	33.89	26.79	57.93	8.33	7.21	85.87
E5	33.33	27.43	63.87	8.33	6.69	79.49
S1	34.44	27.30	58.08	5.00	1.61	53.10
S2	34.44	28.46	64.11	8.89	7.48	82.72
S3	35.56	29.49	64.32	18.33	14.93	70.20
S4	35.00	28.98	71.14	14.44	12.22	77.51
S5	33.33	26.67	59.77	18.89	14.86	65.19
S6	37.22	28.31	51.55	16.11	15.07	89.84
S7	35.56	29.90	66.42	15.56	12.95	74.77
S8	36.11	28.84	58.48	20.56	20.56	96.61
S9	33.89	26.80	57.95	20.00	19.25	93.33
S10	35.56	28.32	58.32	20.00	19.62	96.62

附　录　C

表 C.1　计算海域 B1 的供暖、通风、空调设计气象参数统计值(非安全级参数)

项别	计算海域 B1
海拔/m	40.00
北纬/(°)	37.93
东经/(°)	120.72
统计年份	1989~2018 年(30 年)
数据类型	3 次定时
供暖设计用室外计算温度/℃	−4.52
夏季空调设计用室外计算干球温度/℃	30.56
夏季空调设计用室外计算干球温度对应露点温度/℃	23.33
夏季空调设计用室外计算干球温度对应大气压力/mbar	1008.6
夏季空调设计用室外计算干球温度对应湿球温度/℃	25.23
夏季空调设计用室外计算干球温度对应相对湿度/%	65.42
冬季通风设计用室外计算温度/℃	−0.81
冬季空调设计用室外计算温度/℃	−7.06
冬季空调设计用室外计算温度对应露点温度/℃	−11.11
冬季空调设计用室外计算温度对应大气压力/mbar	1038.1
冬季空调设计用室外计算温度对应相对湿度/%	70.00
夏季通风设计用室外计算温度/℃	27.02
夏季通风设计用室外计算温度对应露点温度/℃	22.05
夏季通风设计用室外计算温度对应大气压力/mbar	1006.30
夏季通风设计用室外计算温度对应相对湿度/%	74.27
夏季空调设计用室外计算日平均温度/℃	27.94

表 C.2　计算海域 Y1 的供暖、通风、空调设计气象参数统计值(非安全级参数)

项别	计算海域 Y1
海拔/m	145.50
北纬/(°)	37.97
东经/(°)	124.63
统计年份	2002～2018 年(17 年)
数据类型	3 次定时
供暖设计用室外计算温度/℃	−6.25
夏季空调设计用室外计算干球温度/℃	27.78
夏季空调设计用室外计算干球温度对应露点温度/℃	21.11
夏季空调设计用室外计算干球温度对应大气压力/mbar	1017.60
夏季空调设计用室外计算干球温度对应湿球温度/℃	23.03
夏季空调设计用室外计算干球温度对应相对湿度/%	67.11
冬季通风设计用室外计算温度/℃	−1.66
冬季空调设计用室外计算温度/℃	−9.65
冬季空调设计用室外计算温度对应露点温度/℃	−13.33
冬季空调设计用室外计算温度对应大气压力/mbar	1030.01
冬季空调设计用室外计算温度对应相对湿度/%	72.01
夏季通风设计用室外计算温度/℃	25.46
夏季通风设计用室外计算温度对应露点温度/℃	21.02
夏季通风设计用室外计算温度对应大气压力/mbar	1007.09
夏季通风设计用室外计算温度对应相对湿度/%	76.45
夏季空调设计用室外计算日平均温度/℃	26.18

表 C.3 计算海域 Y2 的供暖、通风、空调设计气象参数统计值(非安全级参数)

项别	计算海域 Y2
海拔/m	10.00
北纬/(°)	32.07
东经/(°)	121.60
统计年份	1989~2018 年(30 年)
数据类型	3 次定时
供暖设计用室外计算温度/℃	−0.14
夏季空调设计用室外计算干球温度/℃	33.89
夏季空调设计用室外计算干球温度对应露点温度/℃	25.56
夏季空调设计用室外计算干球温度对应大气压力/mbar	1004.80
夏季空调设计用室外计算干球温度对应湿球温度/℃	27.55
夏季空调设计用室外计算干球温度对应相对湿度/%	61.92
冬季通风设计用室外计算温度/℃	3.78
冬季空调设计用室外计算温度/℃	−2.29
冬季空调设计用室外计算温度对应露点温度/℃	−6.67
冬季空调设计用室外计算温度对应大气压力/mbar	1038.31
冬季空调设计用室外计算温度对应相对湿度/%	68.91
夏季通风设计用室外计算温度/℃	30.22
夏季通风设计用室外计算温度对应露点温度/℃	24.55
夏季通风设计用室外计算温度对应大气压力/mbar	1005.64
夏季通风设计用室外计算温度对应相对湿度/%	71.71
夏季空调设计用室外计算日平均温度/℃	30.42

表 C.4　计算海域 E1 的供暖、通风、空调设计气象参数统计值(非安全级参数)

项别	计算海域 E1
海拔/m	81.00
北纬/(°)	30.73
东经/(°)	122.45
统计年份	1989～2018 年(30 年)
数据类型	3 次定时
供暖设计用室外计算温度/℃	1.79
夏季空调设计用室外计算干球温度/℃	31.67
夏季空调设计用室外计算干球温度对应露点温度/℃	22.22
夏季空调设计用室外计算干球温度对应大气压力/mbar	1008.89
夏季空调设计用室外计算干球温度对应湿球温度/℃	24.79
夏季空调设计用室外计算干球温度对应相对湿度/%	57.32
冬季通风设计用室外计算温度/℃	5.74
冬季空调设计用室外计算温度/℃	−0.42
冬季空调设计用室外计算温度对应露点温度/℃	−3.33
冬季空调设计用室外计算温度对应大气压力/mbar	1030.75
冬季空调设计用室外计算温度对应相对湿度/%	78.64
夏季通风设计用室外计算温度/℃	29.15
夏季通风设计用室外计算温度对应露点温度/℃	24.47
夏季通风设计用室外计算温度对应大气压力/mbar	1006.14
夏季通风设计用室外计算温度对应相对湿度/%	75.96
夏季空调设计用室外计算日平均温度/℃	28.96

表 C.5 计算海域 E2 的供暖、通风、空调设计气象参数统计值(非安全级参数)

项别	计算海域 E2
海拔/m	71.90
北纬/(°)	33.29
东经/(°)	126.16
统计年份	1989～1999 年，2005～2018 年(25 年)
数据类型	3 次定时
供暖设计用室外计算温度/℃	2.08
夏季空调设计用室外计算干球温度/℃	30.00
夏季空调设计用室外计算干球温度对应露点温度/℃	26.11
夏季空调设计用室外计算干球温度对应大气压力/mbar	1006.10
夏季空调设计用室外计算干球温度对应湿球温度/℃	27.04
夏季空调设计用室外计算干球温度对应相对湿度/%	79.7
冬季通风设计用室外计算温度/℃	5.79
冬季空调设计用室外计算温度/℃	0.42
冬季空调设计用室外计算温度对应露点温度/℃	−3.33
冬季空调设计用室外计算温度对应大气压力/mbar	1025.06
冬季空调设计用室外计算温度对应相对湿度/%	73.49
夏季通风设计用室外计算温度/℃	28.09
夏季通风设计用室外计算温度对应露点温度/℃	23.69
夏季通风设计用室外计算温度对应大气压力/mbar	1007.55
夏季通风设计用室外计算温度对应相对湿度/%	77.06
夏季空调设计用室外计算日平均温度/℃	28.40

表 C.6　计算海域 E3 的供暖、通风、空调设计气象参数统计值(安全级参数)

项别	计算海域 E3
海拔/m	84.00
北纬/(°)	28.45
东经/(°)	121.88
统计年份	1989～2018 年(30 年)
数据类型	3 次定时
供暖设计用室外计算温度/℃	3.19
夏季空调设计用室外计算干球温度/℃	30.00
夏季空调设计用室外计算干球温度对应露点温度/℃	25.56
夏季空调设计用室外计算干球温度对应大气压力/mbar	1008.50
夏季空调设计用室外计算干球温度对应湿球温度/℃	26.65
夏季空调设计用室外计算干球温度对应相对湿度/%	77.18
冬季通风设计用室外计算温度/℃	7.14
冬季空调设计用室外计算温度/℃	1.27
冬季空调设计用室外计算温度对应露点温度/℃	−2.22
冬季空调设计用室外计算温度对应大气压力/mbar	1032.11
冬季空调设计用室外计算温度对应相对湿度/%	75.97
夏季通风设计用室外计算温度/℃	28.59
夏季通风设计用室外计算温度对应露点温度/℃	25.41
夏季通风设计用室外计算温度对应大气压力/mbar	1005.93
夏季通风设计用室外计算温度对应相对湿度/%	82.98
夏季空调设计用室外计算日平均温度/℃	28.47

表 C.7　计算海域 E4 的供暖、通风、空调设计气象参数统计值(非安全级参数)

项别	计算海域 E4
海拔/m	7.10
北纬/(°)	26.60
东经/(°)	127.97
统计年份	2003～2018 年(16 年)
数据类型	逐时
供暖设计用室外计算温度/℃	12.69
夏季空调设计用室外计算干球温度/℃	32.22
夏季空调设计用室外计算干球温度对应露点温度/℃	23.33
夏季空调设计用室外计算干球温度对应大气压力/mbar	1009.50
夏季空调设计用室外计算干球温度对应湿球温度/℃	25.65
夏季空调设计用室外计算干球温度对应相对湿度/%	59.61
冬季通风设计用室外计算温度/℃	16.00
冬季空调设计用室外计算温度/℃	11.23
冬季空调设计用室外计算温度对应露点温度/℃	6.67
冬季空调设计用室外计算温度对应大气压力/mbar	1028.97
冬季空调设计用室外计算温度对应相对湿度/%	73.67
夏季通风设计用室外计算温度/℃	31.01
夏季通风设计用室外计算温度对应露点温度/℃	25.60
夏季通风设计用室外计算温度对应大气压力/mbar	1007.16
夏季通风设计用室外计算温度对应相对湿度/%	73.02
夏季空调设计用室外计算日平均温度/℃	30.07

表 C.8　计算海域 E5 的供暖、通风、空调设计气象参数统计值(非安全级参数)

项别	计算海域 E5
海拔/m	31.40
北纬/(°)	23.57
东经/(°)	119.63
统计年份	1973～1995 年, 1997～1998 年(25 年)
数据类型	逐时
供暖设计用室外计算温度/℃	12.90
夏季空调设计用室外计算干球温度/℃	32.22
夏季空调设计用室外计算干球温度对应露点温度/℃	27.22
夏季空调设计用室外计算干球温度对应大气压力/mbar	1008.00
夏季空调设计用室外计算干球温度对应湿球温度/℃	28.37
夏季空调设计用室外计算干球温度对应相对湿度/%	75.01
冬季通风设计用室外计算温度/℃	15.97
冬季空调设计用室外计算温度/℃	11.41
冬季空调设计用室外计算温度对应露点温度/℃	8.09
冬季空调设计用室外计算温度对应大气压力/mbar	1024.67
冬季空调设计用室外计算温度对应相对湿度/%	79.99
夏季通风设计用室外计算温度/℃	30.66
夏季通风设计用室外计算温度对应露点温度/℃	26.01
夏季通风设计用室外计算温度对应大气压力/mbar	1006.52
夏季通风设计用室外计算温度对应相对湿度/%	76.30
夏季空调设计用室外计算日平均温度/℃	29.51

表 C.9 计算海域 S1 的供暖、通风、空调设计气象参数统计值(非安全级参数)

项别	计算海域 S1
海拔/m	79.00
北纬/(°)	22.20
东经/(°)	114.02
统计年份	2003～2018 年(16 年)
数据类型	逐时、3 次定时
供暖设计用室外计算温度/℃	10.76
夏季空调设计用室外计算干球温度/℃	32.22
夏季空调设计用室外计算干球温度对应露点温度/℃	26.11
夏季空调设计用室外计算干球温度对应大气压力/mbar	1009.20
夏季空调设计用室外计算干球温度对应湿球温度/℃	27.57
夏季空调设计用室外计算干球温度对应相对湿度/%	70.28
冬季通风设计用室外计算温度/℃	15.15
冬季空调设计用室外计算温度/℃	8.08
冬季空调设计用室外计算温度对应露点温度/℃	5.29
冬季空调设计用室外计算温度对应大气压力/mbar	1020.51
冬季空调设计用室外计算温度对应相对湿度/%	82.48
夏季通风设计用室外计算温度/℃	30.64
夏季通风设计用室外计算温度对应露点温度/℃	26.47
夏季通风设计用室外计算温度对应大气压力/mbar	1005.96
夏季通风设计用室外计算温度对应相对湿度/%	78.50
夏季空调设计用室外计算日平均温度/℃	29.51

表 C.10　计算海域 S2 的供暖、通风、空调设计气象参数统计值(非安全级参数)

项别	计算海域 S2
海拔/m	56.00
北纬/(°)	20.13
东经/(°)	107.72
统计年份	1992~2018 年(27 年)
数据类型	3 次定时
供暖设计用室外计算温度/℃	12.64
夏季空调设计用室外计算干球温度/℃	32.78
夏季空调设计用室外计算干球温度对应露点温度/℃	28.33
夏季空调设计用室外计算干球温度对应大气压力/mbar	997.90
夏季空调设计用室外计算干球温度对应湿球温度/℃	29.18
夏季空调设计用室外计算干球温度对应相对湿度/%	77.54
冬季通风设计用室外计算温度/℃	16.71
冬季空调设计用室外计算温度/℃	11.11
冬季空调设计用室外计算温度对应露点温度/℃	6.11
冬季空调设计用室外计算温度对应大气压力/mbar	1019.81
冬季空调设计用室外计算温度对应相对湿度/%	71.26
夏季通风设计用室外计算温度/℃	31.11
夏季通风设计用室外计算温度对应露点温度/℃	26.70
夏季通风设计用室外计算温度对应大气压力/mbar	1003.48
夏季通风设计用室外计算温度对应相对湿度/%	77.48
夏季空调设计用室外计算日平均温度/℃	31.18

表 C.11　计算海域 S3 的供暖、通风、空调设计气象参数统计值(非安全级参数)

项别	计算海域 S3
海拔/m	5.00
北纬/(°)	16.53
东经/(°)	111.62
统计年份	1989～2018 年(30 年)
数据类型	3 次定时
供暖设计用室外计算温度/℃	22.11
夏季空调设计用室外计算干球温度/℃	33.89
夏季空调设计用室外计算干球温度对应露点温度/℃	29.44
夏季空调设计用室外计算干球温度对应大气压力/mbar	1002.80
夏季空调设计用室外计算干球温度对应湿球温度/℃	30.14
夏季空调设计用室外计算干球温度对应相对湿度/%	77.70
冬季通风设计用室外计算温度/℃	23.86
冬季空调设计用室外计算温度/℃	21.18
冬季空调设计用室外计算温度对应露点温度/℃	17.71
冬季空调设计用室外计算温度对应大气压力/mbar	1018.46
冬季空调设计用室外计算温度对应相对湿度/%	80.60
夏季通风设计用室外计算温度/℃	32.24
夏季通风设计用室外计算温度对应露点温度/℃	27.02
夏季通风设计用室外计算温度对应大气压力/mbar	1006.25
夏季通风设计用室外计算温度对应相对湿度/%	74.05
夏季空调设计用室外计算日平均温度/℃	31.25

表 C.12　计算海域 S4 的供暖、通风、空调设计气象参数统计值(非安全级参数)

项别	计算海域 S4
海拔/m	6.00
北纬/(°)	20.67
东经/(°)	116.72
统计年份	1989~2017 年(29 年)
数据类型	3 次定时
供暖设计用室外计算温度/℃	18.68
夏季空调设计用室外计算干球温度/℃	33.33
夏季空调设计用室外计算干球温度对应露点温度/℃	25.00
夏季空调设计用室外计算干球温度对应大气压力/mbar	1008.70
夏季空调设计用室外计算干球温度对应湿球温度/℃	27.04
夏季空调设计用室外计算干球温度对应相对湿度/%	61.80
冬季通风设计用室外计算温度/℃	21.07
冬季空调设计用室外计算温度/℃	17.22
冬季空调设计用室外计算温度对应露点温度/℃	12.78
冬季空调设计用室外计算温度对应大气压力/mbar	1021.96
冬季空调设计用室外计算温度对应相对湿度/%	75.17
夏季通风设计用室外计算温度/℃	31.86
夏季通风设计用室外计算温度对应露点温度/℃	27.03
夏季通风设计用室外计算温度对应大气压力/mbar	1006.22
夏季通风设计用室外计算温度对应相对湿度/%	75.68
夏季空调设计用室外计算日平均温度/℃	30.97

表 C.13 计算海域 S5 的供暖、通风、空调设计气象参数统计值(非安全级参数)

项别	计算海域 S5
海拔/m	5.00
北纬/(°)	16.83
东经/(°)	112.33
统计年份	1989~2018 年(30 年)
数据类型	3 次定时
供暖设计用室外计算温度/℃	22.11
夏季空调设计用室外计算干球温度/℃	32.22
夏季空调设计用室外计算干球温度对应露点温度/℃	27.78
夏季空调设计用室外计算干球温度对应大气压力/mbar	1003.50
夏季空调设计用室外计算干球温度对应湿球温度/℃	28.77
夏季空调设计用室外计算干球温度对应相对湿度/%	77.50
冬季通风设计用室外计算温度/℃	23.85
冬季空调设计用室外计算温度/℃	20.89
冬季空调设计用室外计算温度对应露点温度/℃	17.22
冬季空调设计用室外计算温度对应大气压力/mbar	1022.20
冬季空调设计用室外计算温度对应相对湿度/%	79.52
夏季通风设计用室外计算温度/℃	31.18
夏季通风设计用室外计算温度对应露点温度/℃	26.15
夏季通风设计用室外计算温度对应大气压力/mbar	1006.41
夏季通风设计用室外计算温度对应相对湿度/%	74.70
夏季空调设计用室外计算日平均温度/℃	30.63

表 C.14 计算海域 S6 的供暖、通风、空调设计气象参数统计值(非安全级参数)

项别	计算海域 S6
海拔/m	5.00
北纬/(°)	10.93
东经/(°)	108.10
统计年份	1993~2018 年(26 年)
数据类型	3 次定时
供暖设计用室外计算温度/℃	23.96
夏季空调设计用室外计算干球温度/℃	33.33
夏季空调设计用室外计算干球温度对应露点温度/℃	23.89
夏季空调设计用室外计算干球温度对应大气压力/mbar	1006.60
夏季空调设计用室外计算干球温度对应湿球温度/℃	26.29
夏季空调设计用室外计算干球温度对应相对湿度/%	57.84
冬季通风设计用室外计算温度/℃	25.69
冬季空调设计用室外计算温度/℃	23.19
冬季空调设计用室外计算温度对应露点温度/℃	18.68
冬季空调设计用室外计算温度对应大气压力/mbar	1013.28
冬季空调设计用室外计算温度对应相对湿度/%	75.77
夏季通风设计用室外计算温度/℃	31.84
夏季通风设计用室外计算温度对应露点温度/℃	25.33
夏季通风设计用室外计算温度对应大气压力/mbar	1008.41
夏季通风设计用室外计算温度对应相对湿度/%	68.51
夏季空调设计用室外计算日平均温度/℃	30.32

表 C.15　计算海域 S7 的供暖、通风、空调设计气象参数统计值(非安全级参数)

项别	计算海域 S7
海拔/m	5.00
北纬/(°)	11.42
东经/(°)	114.33
统计年份	1999～2018 年(20 年)
数据类型	6 次定时
供暖设计用室外计算温度/℃	25.14
夏季空调设计用室外计算干球温度/℃	33.89
夏季空调设计用室外计算干球温度对应露点温度/℃	25.56
夏季空调设计用室外计算干球温度对应大气压力/mbar	1010.20
夏季空调设计用室外计算干球温度对应湿球温度/℃	27.56
夏季空调设计用室外计算干球温度对应相对湿度/%	61.94
冬季通风设计用室外计算温度/℃	26.72
冬季空调设计用室外计算温度/℃	24.00
冬季空调设计用室外计算温度对应露点温度/℃	20.89
冬季空调设计用室外计算温度对应大气压力/mbar	1010.64
冬季空调设计用室外计算温度对应相对湿度/%	82.78
夏季通风设计用室外计算温度/℃	32.12
夏季通风设计用室外计算温度对应露点温度/℃	25.93
夏季通风设计用室外计算温度对应大气压力/mbar	1009.03
夏季通风设计用室外计算温度对应相对湿度/%	69.90
夏季空调设计用室外计算日平均温度/℃	30.97

表 C.16　计算海域 S8 的供暖、通风、空调设计气象参数统计值(非安全级参数)

项别	计算海域 S8
海拔/m	24.00
北纬/(°)	9.28
东经/(°)	103.47
统计年份	1999～2018 年(20 年)
数据类型	6 次定时
供暖设计用室外计算温度/℃	25.00
夏季空调设计用室外计算干球温度/℃	33.89
夏季空调设计用室外计算干球温度对应露点温度/℃	23.89
夏季空调设计用室外计算干球温度对应大气压力/mbar	1009.60
夏季空调设计用室外计算干球温度对应湿球温度/℃	26.43
夏季空调设计用室外计算干球温度对应相对湿度/%	56.04
冬季通风设计用室外计算温度/℃	26.36
冬季空调设计用室外计算温度/℃	24.17
冬季空调设计用室外计算温度对应露点温度/℃	21.67
冬季空调设计用室外计算温度对应大气压力/mbar	1010.20
冬季空调设计用室外计算温度对应相对湿度/%	85.94
夏季通风设计用室外计算温度/℃	32.18
夏季通风设计用室外计算温度对应露点温度/℃	25.72
夏季通风设计用室外计算温度对应大气压力/mbar	1009.49
夏季通风设计用室外计算温度对应相对湿度/%	68.82
夏季空调设计用室外计算日平均温度/℃	30.28

表 C.17　计算海域 S9 的供暖、通风、空调设计气象参数统计值(非安全级参数)

项别	计算海域 S9
海拔/m	9.00
北纬/(°)	8.68
东经/(°)	106.60
统计年份	1995～2018 年(24 年)
数据类型	3 次定时
供暖设计用室外计算温度/℃	24.52
夏季空调设计用室外计算干球温度/℃	32.22
夏季空调设计用室外计算干球温度对应露点温度/℃	26.11
夏季空调设计用室外计算干球温度对应大气压力/mbar	1010.60
夏季空调设计用室外计算干球温度对应湿球温度/℃	27.56
夏季空调设计用室外计算干球温度对应相对湿度/%	70.24
冬季通风设计用室外计算温度/℃	25.60
冬季空调设计用室外计算温度/℃	23.73
冬季空调设计用室外计算温度对应露点温度/℃	18.65
冬季空调设计用室外计算温度对应大气压力/mbar	1008.30
冬季空调设计用室外计算温度对应相对湿度/%	73.20
夏季通风设计用室外计算温度/℃	30.83
夏季通风设计用室外计算温度对应露点温度/℃	24.92
夏季通风设计用室外计算温度对应大气压力/mbar	1009.07
夏季通风设计用室外计算温度对应相对湿度/%	70.83
夏季空调设计用室外计算日平均温度/℃	30.19

表 C.18　计算海域 S10 的供暖、通风、空调设计气象参数统计值(非安全级参数)

项别	计算海域 S10
海拔/m	3.00
北纬/(°)	8.65
东经/(°)	111.92
统计年份	1995～2018 年(24 年)
数据类型	3 次定时
供暖设计用室外计算温度/℃	24.72
夏季空调设计用室外计算干球温度/℃	33.33
夏季空调设计用室外计算干球温度对应露点温度/℃	26.67
夏季空调设计用室外计算干球温度对应大气压力/mbar	1008.50
夏季空调设计用室外计算干球温度对应湿球温度/℃	28.21
夏季空调设计用室外计算干球温度对应相对湿度/%	68.21
冬季通风设计用室外计算温度/℃	26.24
冬季空调设计用室外计算温度/℃	23.17
冬季空调设计用室外计算温度对应露点温度/℃	20.24
冬季空调设计用室外计算温度对应大气压力/mbar	1008.00
冬季空调设计用室外计算温度对应相对湿度/%	83.62
夏季通风设计用室外计算温度/℃	31.66
夏季通风设计用室外计算温度对应露点温度/℃	25.79
夏季通风设计用室外计算温度对应大气压力/mbar	1008.09
夏季通风设计用室外计算温度对应相对湿度/%	71.14
夏季空调设计用室外计算日平均温度/℃	30.90

附 录 D

表 D.1 计算海域 B1 的冬季供暖室外计算温度预测结果(非安全级参数) (单位: ℃)

项别	BFGS 模型	LM 模型	ELM 模型
1	−4.25	−4.69	−4.12
2	−5.05	−4.96	−4.78
3	−4.99	−4.88	−4.89
4	−5.05	−4.25	−4.57
5	−5.04	−4.73	−5.10
6	−4.99	−4.58	−4.88
7	−4.99	−4.70	−4.99
8	−4.53	−4.96	−5.01
9	−4.99	−4.81	−5.25
10	−4.96	−4.94	−4.93
11	−4.29	−5.07	−5.01
12	−4.33	−4.92	−5.13
13	−4.86	−4.70	−4.39
14	−4.68	−5.14	−4.65
15	−4.63	−4.90	−5.28
16	−4.92	−4.87	−4.99
17	−5.05	−4.29	−4.85
18	−4.08	−4.80	−5.40
19	−4.92	−5.06	−4.90
20	−4.35	−4.73	−5.27
预测平均值	−4.75	−4.80	−4.92
标准差	0.32	0.23	0.30
统计值	−4.52	−4.52	−4.52
|统计值−预测平均值|	0.23	0.28	0.40

表 D.2　计算海域 B1 的冬季空调室外计算温度预测结果(非安全级参数)(单位：℃)

项别	BFGS 模型	LM 模型	ELM 模型
1	−7.77	−7.60	−7.33
2	−6.76	−7.19	−6.59
3	−7.51	−6.56	−6.99
4	−6.61	−6.84	−7.39
5	−7.76	−7.06	−7.07
6	−6.50	−6.94	−7.17
7	−8.24	−7.99	−6.38
8	−7.54	−6.59	−7.09
9	−6.95	−6.83	−7.12
10	−7.44	−7.20	−6.57
11	−7.01	−7.00	−6.63
12	−7.23	−7.60	−6.91
13	−6.89	−7.40	−6.95
14	−7.38	−7.60	−7.10
15	−6.86	−6.62	−6.97
16	−6.69	−7.68	−6.93
17	−7.08	−6.29	−6.51
18	−7.46	−7.30	−7.34
19	−7.98	−7.24	−7.06
20	−7.22	−7.70	−7.35
预测平均值	−7.24	−7.16	−6.97
标准差	0.47	0.46	0.30
统计值	−7.06	−7.06	−7.06
|统计值−预测平均值|	0.18	0.10	0.09

表 D.3　计算海域 B1 的冬季通风室外计算温度预测结果(非安全级参数)(单位：℃)

项别	BFGS 模型	LM 模型	ELM 模型
1	−0.97	−0.32	−0.83
2	−0.82	−0.64	−1.07
3	−0.96	−1.63	−0.79
4	−0.84	−1.20	−0.98
5	−0.80	−1.22	−1.07
6	−0.97	−1.13	−1.02
7	−0.79	−1.67	−1.34
8	−0.97	−0.62	−1.23
9	−0.74	−1.32	−0.96
10	−0.81	−1.54	−0.92
11	−0.86	−0.54	−1.08
12	−0.81	−1.06	−0.96
13	−1.01	−0.73	−1.20
14	−1.16	−1.79	−1.16
15	−1.28	−1.00	−0.78
16	−1.35	−1.82	−0.85
17	−1.08	−1.66	−0.62
18	−0.98	−0.47	−1.46
19	−0.83	−0.70	−0.82
20	−1.34	−1.09	−1.07
预测平均值	−0.97	−1.11	−1.01
标准差	0.19	0.47	0.20
统计值	−0.81	−0.81	−0.81
|统计值−预测平均值|	0.16	0.30	0.20

表 D.4　计算海域 B1 的夏季空调室外计算干球温度预测结果(非安全级参数)(单位：℃)

项别	BFGS 模型	LM 模型	ELM 模型
1	30.89	30.20	30.41
2	30.97	29.68	30.61
3	31.56	30.72	31.94
4	30.31	29.97	31.64
5	30.50	29.97	31.55
6	30.94	30.11	31.86
7	30.33	29.54	30.82
8	30.21	30.11	30.29
9	29.81	29.54	30.60
10	29.57	30.01	30.33
11	30.52	30.37	30.27
12	30.64	29.88	30.25
13	29.71	30.57	29.97
14	29.59	29.74	30.42
15	29.77	29.72	30.30
16	30.26	29.31	31.12
17	30.30	30.89	30.64
18	30.60	29.44	30.61
19	29.28	29.70	30.71
20	29.61	29.30	30.48
预测平均值	30.27	29.94	30.74
标准差	0.59	0.45	0.58
统计值	30.56	30.56	30.56
|统计值–预测平均值|	0.29	0.62	0.18

表 D.5　计算海域 B1 的夏季通风室外计算温度预测结果(非安全级参数)(单位：℃)

项别	BFGS 模型	LM 模型	ELM 模型
1	27.40	26.33	26.88
2	26.99	27.04	27.70
3	27.03	26.85	27.41
4	26.56	26.50	27.25
5	27.07	27.01	27.37
6	27.06	26.47	27.26
7	26.67	27.13	27.07
8	27.42	27.12	27.04
9	26.69	27.28	26.28
10	26.85	27.27	27.21
11	27.29	25.75	27.22
12	27.27	26.57	27.39
13	26.53	27.06	26.56
14	27.13	26.52	26.23
15	26.48	26.60	26.35
16	27.21	27.19	27.48
17	26.50	26.84	27.06
18	26.66	27.66	27.21
19	26.71	26.80	27.33
20	26.99	27.14	27.22
预测平均值	26.93	26.86	27.08
标准差	0.31	0.43	0.41
统计值	27.02	27.02	27.02
|统计值–预测平均值|	0.10	0.17	0.06

表 D.6 计算海域 B1 的夏季空调室外计算日平均温度预测结果(非安全级参数)(单位：℃)

项别	BFGS 模型	LM 模型	ELM 模型
1	27.18	27.39	27.58
2	27.24	27.33	27.66
3	27.37	27.08	27.28
4	27.34	27.31	27.68
5	27.14	27.41	27.61
6	27.46	27.02	27.07
7	27.09	27.12	27.31
8	27.29	27.06	27.14
9	27.24	26.97	27.47
10	27.46	26.96	27.17
11	27.09	27.61	27.51
12	27.29	27.40	27.00
13	27.24	27.28	27.36
14	27.76	27.03	27.66
15	27.56	27.33	27.76
16	27.24	27.05	27.16
17	27.14	27.26	27.76
18	27.46	27.77	27.29
19	27.24	27.46	27.28
20	27.14	27.59	27.29
预测平均值	27.30	27.27	27.40
标准差	0.17	0.23	0.24
统计值	27.94	27.94	27.94
|统计值–预测平均值|	0.64	0.67	0.54

附　录　E

ELM 人工神经网络核心代码示例

```
clear all
clc
close all


%% 训练集/测试集产生
% 导入数据
%load four.mat          %输入数据
%load result.mat        %输出数据


%% 随机产生训练集和测试集
temp=randperm(size(four,1));
p_train = four(temp(1:200),:)';
t_train = result(temp(1:200),:)';
p_test = four(temp(201:end),:)';
t_test = result(temp(201:end),:)';


%% 数据归一化
[P, ps_input]= mapminmax(p_train,0,1);
P_test = mapminmax('apply',p_test,ps_input);
[T, ps_output]= mapminmax(t_train,0,1);
T_test = mapminmax('apply',t_test,ps_output);


%% ELM 创建/训练
```

```
[IW,B,LW,TF,TYPE] = elmtrain(P,T,30,'sig',0);
%激活函数选择，sig,sin,hardlim，30 为隐含层神经元个数
% elmtrain,elmpredict 为自定义函数


%% ELM 仿真测试
T_sim = elmpredict(P_test,IW,B,LW,TF,TYPE);
err2=norm(T_sim-T_test);
err21=norm(elmpredict(P,IW,B,LW,TF,TYPE)-T);
%% 反归一化
t_sim = mapminmax('reverse',T_sim,ps_output);
%% 结果对比
N = length(t_test);
R2=(N*sum(t_sim.*t_test)-sum(t_sim)*sum(t_test))^2/((N*
sum((t_sim).^2)-(sum(t_sim))^2)*(N*sum((t_test).^2)-(su
m(t_test))^2));


%% 绘图
figure
plot(1:N,t_test,'r-*',1:N,t_sim,'b:o')
grid on
legend('真实值','预测值')
xlabel('预测样本')
ylabel('温度')
string = {'温度预测'; ['R^2 = ' num2str(R2) ')']}
title(string)


%%显示残差
figure
plot(1:N,abs(t_test-t_sim),'-o')
```

```
title('残差')
axis([1,N,0,2])

%% 预测
X_predict= mapminmax('apply',x_predict,ps_input);
y_predict=elmpredict(X_predict,IW,B,LW,TF,TYPE);
Y_predict= mapminmax('reverse',y_predict, ps_output);
```